镜与灯人文译丛

跨越时空的感知
交流，文化与阶级

Telesthesia: Communication, Culture & Class

［澳］麦肯齐·沃克　著
胡昌宇　译

图书在版编目（CIP）数据

 跨越时空的感知：交流，文化与阶级 /（澳）麦肯齐·沃克著；胡昌宇译. —— 南京：江苏凤凰教育出版社，2015.12
 （镜与灯人文译丛）
 ISBN 978-7-5499-5572-5

 Ⅰ.①跨… Ⅱ.①麦…②沃…③胡… Ⅲ.①超意识心理学—研究 Ⅳ.①B846

中国版本图书馆CIP数据核字(2015)第299940号

"镜与灯人文译丛"编委会

主　编：许　钧　吴文智

副主编：顾华明　王瑞书　朱永贞

编　委：许　钧　吴文智　顾华明　王瑞书
　　　　朱永贞　许　多　吴葆勤　张　平
　　　　孙兴春

献给
亲爱的克里斯丁·戴安妮·克里福德

目 录

致谢
主编的话 …………………………………………………… 001

1. 如何占领抽象物 …………………………………………… 001
2. 新致残的婴儿 ……………………………………………… 015
3. 何处是归宿：非此处亦非彼处 …………………………… 024
4. 言说的轨迹 ………………………………………………… 037
5. 巡游维利里奥的"过度暴露的城市" …………………… 046
6. "'流民'建筑电子学" …………………………………… 052
7. 全球性事件与无意识的"矢量" ………………………… 060
8. 保障安全 …………………………………………………… 075
9. 日常生活中的游戏与玩游戏 ……………………………… 084
10. 历史终点的礼品店 ………………………………………… 094
11. 从知识分子角色到"黑客界面" ………………………… 109
12. "话语马克思主义"与"技术马克思主义" …………… 117
13. "矢量阶级"及其"对拓端" …………………………… 126
14. 从"话语马克思主义"到"实践"（物象的） ………… 136
15. "黑客宣言"的思考 ……………………………………… 149
16. 政治之后：矢量为王 ……………………………………… 155
17. "小女子"在注视着你呢 ………………………………… 161
18. 一派胡言 …………………………………………………… 172
19. 结语与关键词 ……………………………………………… 186

致　谢

非常感谢约翰·汤普森、珍妮弗·贾恩、尼尔·德·考特、海伦·格雷以及"政体出版社"的相关工作人员。

本书中的一些文章曾先后刊行于《竞技场》(Arena)、《文化研究》、《异见》、"Mute"、《新形态》、《理论、文化与社会》、《理论与事件》、《根茎》、《转折》。

感谢下列组织和机构邀请本人宣读书中的各篇文章：奥地利电子艺术中心、爱因斯坦中心、阿斯彭研究所、悉尼双年展、华盛顿大学辛普森人文中心、匹兹堡卡内基博物馆、德里萨莱传媒中心、韦恩州立大学德罗伊系列讲座、不列颠泰特美术馆、普利茅斯大学、麦吉尔大学、巴黎美国大学、达特茅斯学院、希洪劳工部、蓬皮杜中心、布朗大学、新博物馆、加州通讯和资讯技术学院、雷德蒙德微软研究所等等。

特别感谢约书亚·克劳福的精彩文字：

真正的运动只不过是资本主义赖以自我实现和自我扬弃的运动定律。资本主义不是一场盛会或一种政治形式，而是一种价值规律，它释放出巨大的力量，并被该力量挟裹着冲向那无人知晓的疆域，而从未有价值从那里回归。

主编的话

作为一个外国文学翻译者与研究者，有太多的机会接触大量外国文化，并深深为世界各民族文化的缤纷多彩、丰富浩荡所折服。在这世界文化丰富多彩的浩浩荡荡中，各民族文化的独特性与多元化彼此交融、互相渗透，并在此过程中不断发展着和变化着。这种发展与变化又进一步促发了各民族文化之间的激荡、交流、碰撞、吸收、借鉴、扬弃、融合与改造，进一步催发出更加无愧于时代和人民的优秀文化作品，使得各民族文化在不断丰富自己内涵的同时，也丰富着全人类的文化宝库，日新月异，从而推动了人类社会的不断向前、不断发展。

在这样一种浩浩荡荡的交融与发展中，无论是个体，还是群体，任何把自己禁锢、封存、隔绝起来，意欲独善其身的做法与想法，无疑都是愚昧的、不可取的。只有置身其中，勇敢面对，从这种交融与碰撞中博采众长，吸取自己发展所需要的营养才是正确选择。问题是，面对这样丰富多彩、浩浩荡荡的海样文化大潮，如何更加方便和自如地去选择我们自己的需要，并不是那么容易做到的事情。毕竟，对大多数人来说，直接阅读国外文化作品，依然要受诸多条件，特别是语言的限制与影响。因此，不断推荐、翻译与出版更多的优秀国外文化作品给我们的大众，正是我们翻译工作者与文化出版人责无旁贷的职责。这套由江苏省翻译协会与江苏凤凰教育出版社联手打造的《镜与灯人文译丛》，就是肩负着这样的职责，来为我们新时期的民族文化创新与未来文化发展战略服务的。

《镜与灯人文译丛》取名于美国文学理论家艾布拉姆斯的著作《镜与灯》。镜者，映像其中，意在反映外在事物；灯者，明示外物，意在指示外物的发展变化。《文丛》之所以取名于此，一则表达入选著述皆为对外在现实或精神世界的心灵映照，一则意为入选著作可提供理论上或思想上的指引。

综观世界各民族文化，不论是古代的，还是现代的，也不论是东方的，还是西方的，一切文化思想的形成，都是人类智慧的结晶，都是人类文明发展的象征。研究借鉴世界各民族文化，对于光大人类文明，开拓智慧领地，扫除愚昧落后，振兴本民族文化，无疑具有重要意义。人们只有用人类创造的一切知识来丰富自己的头脑，才能成为无坚不摧的力量驾驭者。对于国外文化中的科学理性精神、现代人文精神与人道主义、近代民主政治与法制思想、现代市场经济理论、西方现代理论、可持续发展的思想和战略等，我们要以充分的民族文化自信，敢于敞开胸怀，大胆接纳，在激荡中学习借鉴，在碰撞中扬弃升华，在交融中丰富发展。我们完全有能力坚持"以我为主、为我所用"的原则，博采各种优秀文化之长，向世界展示中国现代文化建设的成就。我们也完全有能力把我们的民族文化建设成符合时代要求的、代表人类文化发展最高水平的社会主义现代化文化。这，就是我们中华民族的文化自信。

《镜与灯人文译丛》译介西方优秀、积极的社会学、心理学、哲学或跨学科的著作，旨在反映当前国外理论界与学术界的优秀成果和研究方法。镜，鉴也，景也。借鉴国外精华思想，领略国外学术风骚，是出版的重要使命。灯,光也,明也。引入国外优秀学术成就,照亮未来学术之路,亦是出版的重要责任。江苏凤凰教育出版社秉承多年专业出版的理念,积极探索学术领域的发展和进步,举大教育概念,行大教育事业,始终致力于开发教育学术领域的先进思想,展示人文领域的先进成就。

《镜与灯人文译丛》的引进出版得到了江苏省翻译界各位专家学者的全力支持和有益指导,相信本文丛的出版必定会给我们的文化界与学术界带来不凡的亮点。

长江学者,南京大学教授、博士生导师
中国翻译协会常务副会长

2014.9.19 于南京

1. 如何占领抽象物

事件肇始于一些成分混杂的群众占据曼哈顿的一个小型公园,并声称他们已经"占领华尔街"。当然,他们占领的并非华尔街本身。曼哈顿中心地区确有华尔街这么个地方,不过此时已经被视作一个抽象存在。他们选择占领纽约金融区华尔街附近的一个公共场所,因此"占领"就更具有象征意义。"华尔街"变成了一个抽象物,"占领华尔街"当然也只是象征性的。华尔街的抽象化也引出了一个同样具有抽象性的故事。

此时抽象的华尔街已经具有双重意义。一方面,华尔街代表一种权力,作为金融寡头,它向我们每个人收取租金,但我们似乎并未受益。当年美国军火商们高喊"'通用'利益即国家利益",今天食利者阶级的口号则是"'高盛'的利益,你他妈管不着!"

食利者阶级是一些超级金融寡头,18世纪法国贵族们以这种身份煞有介事的治理着国家。按照食利者阶级的媒体马甲们的说法,这些人可是温室里的花朵,如果不确定当天会得到丰厚的报酬,早晨连床都懒得起的。他们不仅生性娇贵,还多愁善感,听到不爱听的言辞就把钱揣进腰包,躲起来生闷气。更要命的是,他们分内的事情总干不好,大家都要掏腰包帮他们维持业务正常运转。

抽象的华尔街还有另一层含义:想想这种非人性化的巨大权力,就在整个金融区豕突狼奔,我暂且把这种权力称作"矢量",这是一个光纤电缆和巨大计算能力的混合体。此时此刻,你正在阅读拙作的时候,来自全球各地的巨额资金正在华尔街进行自动交易。工程师们正认真考虑如何实现光速交易呢。也许我们真该隆重欢迎这些机器人霸王,没准儿他们来自外星呢。

如何占领一个抽象物呢？也许只能利用另外一种抽象物。过去占领华尔街至少需要一个位于曼哈顿闹市，偎依在高楼丛林之中的小公园，距离世贸中心较近，占领者还得安营扎寨。这种占领的奇特之处是并未提出任何要求。他们占领的核心建议只有一个，如果把大伙聚在一起，大家畅所欲言，没准儿能找出一个治理当今世界之良策，如是奈何？反正再糟糕也不会甚于让代表着食利阶级利益的华尔街，以及代表那些整日做着计算机化的无形资产交易的一帮矢量利益的华尔街来治理这个世界。

有些评论家们认为占领后提出如此微不足道的要求是占领事件的败笔。他们觉得提出的要求应该是多多益善，甚至自己炮制了一些项目。也许"占领华尔街"事件最大亮点就是没有提出什么要求。美国曾经有过被称作"政治"的玩意，而如今只剩下数不清的要求了：削减债务、降低税率、废除管制等等。甚至没有谁还管这些要求合不合理，大家似乎都觉得只有对食利者阶级重要的才是大事。并不是说食利者阶级收买了美国的政客们。政客们又何足挂齿，他们可以按钟点租用。既然如此，那么"占领华尔街"事件最耐人寻味之处就是其提出的建议，即美国缺少的并非要求，而是程序。真正缺少的正是政治本身。

乍一听到，也许会觉得匪夷所思，但在美国真没有政治。美国有的是剥削、压迫、不平等、暴力等等，据说美国还是一个国家，但就是没有政治，只有类似于政治的玩意。美国通行的是专业人士通过租赁影响来维护自己的利益。国家甚至无力通过协商维护其统治阶级的共同利益了。

自下而上的政治行为也在被效仿着。当年的茶党其实是做一件了不起的促销活动，结果似乎提升了那些旧食利者阶级需求的吸引力。政治像快餐食品，在没造成消化不良之毛病之前，味道似乎还不错。政治是强加于美国的一种契约，其本质是强烈的保守主义，只不过添加了一些新作料。茶党取得了成功。但此一时彼一时，没有什么包打天下之策。一个促销活动过了气，新的促销行为必然取而代之。

前文说的还不过是类似于政治的行为。因此，"占领"运动中的天才们只是建议通过一种可能的政治形式,大家聚在一起,出谋划策,进而集思广益。该建议恰好击中了美国人的要害:一个泱泱大国,几近帝国,竟然发生政治缺失。

华尔街只作为一个抽象名称,其实具有双重所指:其一,指一个食利阶级利用其作为矢量之力,超越繁琐且需协调各种利益的政治程序,来控制大量资源。针对这一点,"占领"者们提出另一种也具有双重功用的抽象物。

首先,占领是物理的,需要占据一定空间。事先得到占领活动即将发生的信息后,纽约市警察局控制了华尔街周围地区。警察局拟出了占领活动可能发生的场所,祖科蒂公园只排在名单的第五。许多人靠手机提供的信息才找到这个地方。因此,这种类似猫鼠游戏的计划起初迷惑了纽约警方,导致其反应迟缓。"占领"活动起初完全是和平进行,参与者也同意在公园外宿营,这倒让警方束手无策了。到了周末,参与占领活动的激增到数千人。

"占领华尔街"运动还着实吓着了食利者阶级。这些人既没能力管理美国经济增长,又不能改善美国经济状况,他们只好决定把美国所剩下的财物洗劫一番。至于后果,他们才懒得管,只要不被抓个现行就万事大吉。

不就是几个无政府主义者嘛,有什么好担心的!但他们渐渐发现苗头不对了。占领纽约市中心的一个弹丸之地,似乎伤不着这个强大的食利者阶级,也不会给周围办公室里忙碌的那些喽啰们带来多大不便。但具体的占领活动本身还关联着一种更为抽象的占领,而且占领还可能蔓延,这可真触动了食利者阶级们敏感而脆弱的神经。

占领活动扩展到了"矢量阶级"的无形的世界,和物理占领华尔街完全不同了。一个警察竟愚蠢的向站在警方设置的橙色警戒带之外的一些妇女喷胡椒喷剂!"黑客"们很快就发现了问题,并迅速将信息在网上发布。在布鲁克林大桥上,警察引导游行群众进入车道,然后又以他们进入车道为由将其逮捕。网上发布了该事件多角度的图片资料,因此很快就在网上传开了。现在"占领运动"占领的也是社会传媒领地。

那些所谓的主流媒体对此现象竟不知所措。尤其荒唐的是,他们竟然对事件的"新闻性"争执不下,搞不明白"占领运动"到底是不是一条"新闻"。因为事件本身并没有高层的宣传组织者,没有散发免费的宣传材料,更没有购买任何广告空间,也没有邀请形象代言,只不过制作了一张不错的告示。这算哪门子新闻呢?这样的事情足以暴露美国新闻报道的问题,这算是新闻了吧!

前文提出占领的抽象性具有双重含义,既是指对华尔街附近地区地理上的占领,也指对社会媒介领域的占领。而社会媒介上倒不乏标语、宣传口号、图片、视频、文字报道等等。"决不止步!"是不错的口号,还有"手牵手,网联网!"大家不妨再开动脑筋想想在社会媒体上该用何种政治语言更好。当然这些社会媒体公司的老板们还要跟我们在其媒体上的一言一行收取租金,我们也没辙,但起码社会媒体不再只是"英雄联盟","狸猫超人"们的天下了。

曾几何时,在那些进步知识分子们习惯于阔谈大写的"政治"时,而占领运动在悄然创造一种小写的政治,这是一种抽象但日常化的政治。它肇始于一帮可以统称为"无政府主义者"的人物,他们早已经着眼于所谓小写政治的理论与实践问题。

工会组织发现占领运动似乎是一些无政府主义者所为之后,开始关注起来。然后他们加入进来,纽约警察局进行劝阻无果。貌似工会组织者早晨起床后,忽然发现占领运动并非闹着玩的,而是形成了气候,便自言自语起来:"我得跟着他们啊,我是他们的头儿啊。"

从"占领运动"开始,它就具有成为"异类全球媒体事件"的诸多要素。没人能预测此类事件的进程。它的命运既取决于对祖科蒂公园的事实占领本身,又取决于同时对媒体的占领。在布鲁克林大桥警察抓了700人一刻起,占领运动就成为国际事件了。这可是对"占领运动"最好的免费宣传(谢了啊,哥儿们!)。"占领运动"之所以被称作"异类全球媒体事件",是因为其包含史无前例的新元素。它不同于过去引发类似事件中常见诸如厌倦现实、不同政见、重建理想社会等诉求,也区别于过去类似事件的应对和平息方式。

比如,那些评论家们特别纠结于这次占领究竟算不算一次社会运动。占领行为的确发生过，别忘了，本章的标题就告诉过你了：占领华尔街！一直关注该事件的人也许会发现，本次占领运动或多或少受到了全球其他地区发生的大大小小的无政府主义者占领事件的影响。比如我目前就职的新社会研究学院，在2008年就发生过被短暂占领的事件。这一占领策略可是被反复尝试多年，并不断得到完善。

在概念上，占领和运动意思正相反。运动通常是要达成一个一贯的内在目标，利用空间主要是为了实现达成目的造势。而占领活动并没有什么内在的一贯目标，也无需造势。但选择的空间必须有利于其在象征性地理的抽象区域内产生反响。

占领活动之所以有效，即便是短时期内有效，其重要原因之一是尽量避免使用其他社会运动中经常采用的一些方式。它远离传统的政治手段，也迥异于前一时期常见的社会辩论形式的政治。要试图找到一种理论来解释占领运动，内格里（Antonio Negri, 1933），马克思主义社会学家和政治哲学家。内格里首先作为《帝国》（与迈克尔·哈特合作）的作者之一，其次因其关于斯宾诺莎的研究而著名。内格里生于帕多瓦并成为故乡大学的一名政治哲学教授。1969年，内格里成立"工人力量组织"（Potere Operaio）并成为"自主运动"（Autonomia Operaia）的领军人物。作为一名马克思-列宁主义作家，以及马列主义是暴力革命的意识形态这种观点的拥护者，内格里出版了许多富有影响的著作，极力主张"革命的意识"。

20世纪70年代，内格里被控多项罪名，其中包括指控为左翼恐怖组织"红色旅"的策划者。语音证据表明，内格里代表"红色旅"打过威胁电话，但法庭未能证明他们之间的联系。内格里与左翼恐怖主义的合流直到现在还是一个争议性的问题。他还因多项罪名受到起诉，包括"反国家结社暴动"罪（法院后来撤销了这项指控）和参与两起谋杀事件。"占领运动"既不以人多见长，也没有什么先锋性质。它至少在空间选择上有点类似1989年"天安门事件"和2011年开罗的"解放广场事件"，但在运动规模和参与者社会阶层构成上完全不同。

"占领运动"的确够知识分子们困惑一阵子了，不过更可怜的是我们的富豪市长布隆伯格先生。布隆伯格提到占领活动给银行职员们上下班带来了不便，他们可是为了区区四五万的年薪而拼命工作。我的邻里们一年平均家庭收入还不足四万，而且这还是一个相对富裕的街区。全家的收入啊！可怜的银行职员们的可怜的收入底线是否加剧了社会的贫富差距呢？占领事件参与者们喊出的"我们是99%"的口号，也取得了很好效果。我在祖科蒂公园看见个标语写着"就让他们吃蛋糕嘛！"一个著名的历史玩笑。

当时没人知道占领运动会怎样收场，所谓"异类的全球性事件"就该如此。事件相关各方会通过试错方式发现事情的真相。也许有些社会科学研究者也会如此行事。不论是否涉及其他动机，我想在布鲁克林大桥上公然逮捕了700人，至少为纽约警方情报部门带来不少数据样本。我确信纽约警方特别想弄清楚究竟运动参与者是何方神圣：他们都来自纽约的哪个区，何种职业等等。尽管大家的注意力都集中到了那位喷洒胡椒喷雾剂的警员身上，但也发现了纽约警察局现代化程度之高一面。自布拉顿局长实行警力现代化运动以来，纽约警察局信息数据化程度大为提升。原来警方也清楚抽象物的威力。

书页翻的太慢，难以躲过时光之冰川。很高兴能从微不足道的祖科蒂公园，从被占领区，开启本书的写作。我周围还有很多访客，他们也许觉得在目前这个奇特的、既具体又抽象存在着的双重世界，是否还存在第三种可能的政治形式。每次大选后，选举办公室内的专业政客们盯着战利品手舞足蹈的镜头，是否该切换一下了。也许还有另一个世界。在这里开篇本书真的感觉很爽。得快点写，笔记本快没电了。

要造就另一个世界需要诸多条件，至少需要一种能够占领其具体和抽象二元领地的一种政治，甚至一种文化。做到这一点既需要活的批判理论，更需要活的"实验性实践"。进行"实验性实践"必须首先认识到，当今抽象世界和具体世界一样真实，前者甚至更真实。比如"现代性"就是从抽象概念而真实化的。"占领华尔街运动"正是这种实践的样本，但并非绝无仅有的样本。随后应该形成新的理论，当然不止一种理论。一种新政治形式的产生，新的理论与实践活动是必不可少的。

诸位，美国的政客们可没有某些先生们的做派，不至于总要为自己所作所为找个原则什么的。他们一贯锋芒毕露。他们勇敢追求成功，纵情享受成功。不成功,则成仁。一旦成功,便尽享胜利果实。他们觉得这是天经地义的,胜者为王嘛。

当时纽约州的参议员威廉·马西发表上述演讲时,可是当着安德鲁·杰克逊的面。后来杰克逊当了总统,对政府部门进行大换血,竟史无前例的安插了大批亲信 。当时美国最大的政府部门邮政系统,是杰克逊安插人员最多的部门,各级邮政局长就达 400 多人。胜者为王,天经地义。

这种胜者为王,坐地分赃的政府运作形式,短期内还行,日久必生弊端。杰克逊虽支持者众,但政府能力未必提升。1881 年加菲尔德总统就是被一个自认分赃不均的亲信干掉的。随后改革如期而至。令人奇怪的是,杰克逊安排的 900 多人,为何近半数集中在邮政部门。

还有令人纳闷的"赃物"一词,赃物即战利品,古英语拼作"spoilen",源于法语的"espoillier",再上溯到拉丁语的"spoilium"。"战利品"在各种上述几种语言中的本意一直兼有毁灭与美妙双重含义。战利品乃赢得胜利的光荣标志,但不过是被胜利所摧毁的整体的残片而已。当一种社会形式征服另一社会形式时,也许最好通过将失利一方最珍惜之物碎片化处理之后,重新估价、包装,然后随机地遣返加入新形式之中。

双方较量的前提是他们之间有关系,不管是在选举中还是在战场上狭路相逢。倘若决定输赢结果的不是靠战胜对方,而是仅取决于双方关系本身呢?或者胜利一方不是战胜某一个对手,而是全部对手呢?最后赢得战利品的就是矢量。究竟谁是矢量呢?杰克逊执政时期就是邮政部门。21 世纪之初的矢量则另有其人了。今天的邮政部门早已是明日黄花,无人问津了。取而代之的当然是无线通讯行业和互联网,或许可以再算上以光速交易的金融贸易部门。杰克逊赢了就可以把亲信安排到邮政部门,但今天矢量击败的则是不合时宜的政党政治本身,而且还不止呢。

任何寄宿于一个通讯基础设施机构的社会形式,都会反受其掣肘。此类基础设施部门通常并不引人注目,因为大家对其早已熟视无睹了。只有当他们的服务出了问题,或者在其划定的业务范围内出现了什么破天荒的事情,人们才会重新关注起来。跟踪这些前所未有的事件可以记录基础设施部门的运作轨迹。本书要做的就是描绘出一个基础设施部门如何发展成为矢量的轨迹。

2011年突尼斯和埃及都发生了类似占领具有重要象征意义场所的事件。有人称其为"微博革命"。一个流行的社会网络系统随意就被扣上了帽子。当然其他评论者对此嗤之以鼻,指出事件根源在于组织者们思想和心态。两者其实都有失偏颇,前者纠结于物,后者只看重人。其实,矢量的产生离不开人为因素,反之亦然,二者相互依存,相依为命。

更麻烦的是,即使费尽心机找出某一事件中涉及的具体矢量,也无济于事。矢量有一个奇怪的特性,它可能只是一种抽象形式,代表某些具体部门之间的关系。它能把具体升格为抽象。辨别抽象物就困难多了。不妨还以邮政部门为例。当时邮政部门可以为杰克逊总统所利用,是因为那些物理空间实实在在可用。你的房子跟你邻居的也许质量差异很大,但邮政部门不管这些。你住在铁路大街10号,两侧分别是8号和12号。邮政部门把具体抽象化,只关心抽象的数字。

当年居伊·德波跟一帮朋友在巴黎玩"巴黎街道漂流",目的是感受穿越巴黎街道时的不同氛围,描绘出这些大街给人们留下的不同感受的巴黎街道"心理地理"图谱。他们绘出了巴黎街道网格抽象空间的图谱,这不是数字化的东西,与那些标明各种集体建筑的可寻址的空间无关。

他们并非试图恢复一个逝去的世界,仿佛现代可寻址的空间可以主观的消除。他们兴趣所指是弄清楚那些原来无法成为计算和分配对象之物,在一个可寻址的空间范围内,如何在一个新层面上被再创造。当然,他们在做该实验的时候已经有了收音机和电话,电视机才刚进入试制阶段。互联网让黑客们眼睛一亮。随着矢量组织的发展,可寻址空间的种类日益繁杂起来。但最根本的前提是不会错的。矢量组织的每一次进化都会衍生新的空间,随之产生新的情景、时机、占领或事件,这些都出乎当初设计者意料之外,只是偶然地或通过实验才被发现。

本书会介绍解读上述事件如何会发生的一些方法,以及矢量机构界定出的抽象空间的某些特性。这是一本有关方法之作,但通过实际演示说明这些方法。书中所举事例跨越过去的20余年,来自地球各个角落,当然不能说书中的结论具有全球意义。对矢量的剖析不受地域限制,但结论也会有所不同。本书也并非完全文化上中立,但更关注存在文化差异的不同空间,而不具体探讨文化差异本身。

本书可以说记述一些特殊的思想旅程,某位行者理论家的精神之旅。旅程始于探讨一些关于后殖民空间问题,该空间以都市中心为"彼处",以外省边缘地区为"此处"。旅程止于一种完全迥异的空间,空间的"上层"为统治阶级,"下层"为从属阶级,还包括两者之间的相互关系。这种抽象的空间,过去曾被冠以"后现代"称号。其起源与"postal"有关(有"后"和"邮政"双层含义)。当然,更重要的是起源于矢量。

如何同时考察这两类空间呢?而且要从空间内部探究,以亲历者的身份,并非仅仅提出一些推定。也许需要做一种翻译,从后殖民主义和后现代被体验的清晰语言中翻译出一些术语,对两者皆以相同历史发展过程的不同侧面进行考察。两者共同的发展进程是我所定义的矢量阶段。矢量是我使用的一个术语,指某一相关技术,从航行技术到远程通讯技术等潜在可利用价值。

无论考察哪种空间轴,后现代或后殖民,贯穿全书的一种方法,我暂称之为"对拓关系"。它起源于一种既"非此"亦"非彼"的体验。它又似体验在一条不断移动着变化着的线段上漂移,同时进行思考和写作。"对拓关系"既不同于"混杂性"或"变次",也并非难以界定范围的"赛博客"。此类方法更注重于研究矢量所滋生何种关系,但对关系本身的关注不足。本书的方法也有别于"跨国研究"方法,而更着重于研究"跨国性"发生所需的各种关系。

书中每篇文章都详细阐明文章中出现的一些术语。理论文章难免涉及一些专业名词。要尝试不同的描述这个世界的方式,就必须在语言上下功夫,甚至穷极语言之表达能力。术语都有自己特定用途,但亦可能因为滥用而通俗化,因此有些术语需要重新烹制出新意味。在各篇文章中涉及的术语有"矢量"、"跨越时空的感知"、"第三自然界"、"全球性媒体事件"、"军事——娱乐复合体"、"游戏空间"等。(最后一章专门汇集书中论及的主要术语)。文章中涉及到一些特殊角色,如"对拓客"、"游戏客"、"黑客"等。它们异于普通的不同种族或性别的人物,但又与其共存。这些术语虽有可商榷之处,但仍不失为描述当今世界现实的关键词。

如果说事实指的是千真万确的某一特定事物,那么理论就应用于稍有真实性的一切事物。拙作所论只求有一定真实或可能真实,别无他求。人种学家所采用的深度描述法通常只集中于一种文化的某一特定方面,包括其生成的特定环境。克里福德·吉尔茨指出:

> 在人类学者的发现中,最重要处之处是这些发现的复杂的独具性和环境依存性。只有从那些特殊环境条件下才具备的,经过长期的主要(并非全部)是定性的、亲历的、近乎痴狂而细致的田野研究所获取的资料中得出的宏观概念,才能够被赋予一种真实性,人们才可能现实地具体地思考这些概念。更重要的是能创造性的富有想象力的考察这些概念。一旦发现那些独特环境,进而进行深度描述,对研究者来说真是妙不可言。

如果我们特别有意了解的主要客体又恰恰并非环境中"非限定物"又如何呢?抑或是"非环境性之环境"呢?只好采取浅层描述方式了,即抽取深度描述中具有环境意义的内容。在浅层描述时,也许我们关心的并非眨眼睛是由外界刺激,还是细菌感染所致,或者是个人故意而为。我们只关心眨眼动作可以向观察者传递信息,观察者记录下来后可以继续传递下去,甚至传递到远离事件发生的环境的地方。

《跨越时空的感知》起始于空间边缘,即对拓点,然后逐渐接近中心,抑或中心缺失。它努力追求一种倾向于"不在此处亦不在彼处"的对拓性感觉。书中各篇文章会层层深入地探究"对拓性"概念。这种思辨方式为一直是偏好经验主义传统的英语民族,也是英语语言本身之大忌。我们是不善理论的民族,至少很多人这么说过。我们喜欢静态的事实,而非动态的事件。我们喜欢描写实物的文字,反感试图解释一种力的文章。本书记录了持续20年试图用英语写理论文章的努力,同时记录的是作者在英语世界的部分地区的特殊体验。

不无讽刺的是,即使用英语介绍理论问题还避免不了运用经验主义方法。书中涉及的那些专有名词以及相关的陈述,都以事实的形式进行收集整理。在英语世界里,介绍别人理论的多,创立理论的少。《跨越时空的感知》不满足于只介绍别人的理论,而是会从知名度或高或低的资源中借用一些概念。

理论可分为两类:广为人知的一类被称作高深理论,代表人物如雅克·德里达、米歇尔·福柯、吉尔·德勒兹等等。尽管并非都从巴黎文人所说的外省起家,这些人都取得了某种程度的中心地位,至少英语世界的书写中是这么定位的。那么《跨越时空的感知》一书不妨归为另一类,即浅俗理论。该理论的代表人物也具有一定的知名度,只是不太为制度知识界所认可而已。如保罗·维瑞里奥,让·鲍德里亚,居伊·德波等。尽管知名度很高,除了都处在制度性边缘地位、写作活动的要素相似之外,他们几乎没有其他共同之处。

浅俗理论的应用空间处于制度性写作形式空隙地带。即便写于巴黎的市中心,浅俗理论自身具有对拓(边缘)性,游离于学术界、学术圈,或新闻界。它们似乎总与突发政治事件有关,与其他事件的发生或不确定的事态有关。浅俗理论的书写也不会受到传统时间节点如学期、日历、周历的限制。它们既追寻事件甚至占领的发生的节奏,又可能反其道而行之。浅俗理论偏好的写作形式为杂文或小册子,而不是学术文章或论文。其风格特点是集思辨、戏谑、机智于一体,但不奢望成为传世之作。

本书中所有文章似乎都脱胎于一些正在发生的事件,有应景之嫌。但文章真正关注的是后现代和后殖民空间的长期而持续的发展过程。当下没有谁还老是把一切都冠以"后"字了,早已被滥用了。但如何置身于后现代和后殖民空间发展的进程中思考这些空间扩展问题本身,还有很长的路要走。如果我们接受矢量问题其实是产生后现代和后殖民体验的中心问题,那么,其研究价值就不言而喻了。书中所有文章都涉及的核心问题就是矢量现象究竟会带来什么样后果,而尽量回避思考通讯与媒体等热门话题。所以文章并不是写"新"媒体的。当然,按照已经奄奄一息的现代性的逻辑,媒体的指定角色就应该是新的风向标。

《跨越时空的感知》还讨论如何历史性思维,但绝不是一本历史著作。它要探讨的是以各种关系的形式和质量变化所体现的,长时期不断展开的各类转型,当下是如何被体验的。我们能强烈感觉到当下正出现一种联接物,以一种抽象的关系形式存在,像矢量一样,但并不是普遍性联接,能产生文化同质化的联接物。矢量可能会喜欢上的"心理地理",如果经过一两个世纪的绘制而成,是一种特别不安定,异质化的空间。

从都市的高深与浅俗理论写作方式话语角度,可以辨认出一些关键思想要素,包括一些对拓性(边缘性)要素。本书的撰写受到了许多澳大利亚作者的影响和启发,如伯纳德·史密斯、罗斯·吉布森、艾里克·迈克尔斯等,尤其是米甘·莫里斯。他们都属于边缘作家,但写的都是中心问题,包括马克思主义和高深理论等。本书中的澳大利亚体验只是多种边缘性体验之一。我们其实都生活在边缘,因为矢量导致几乎所有人,在生命的某个节点,陷入一种"非此处亦非彼处"的生存困境。

马克·吉布森在其《文化与权力:文化研究史》一书中把我的写作归为文化研究中"共和派",该学派受约翰·哈特利启发,经凯瑟琳·卢姆比和本人进一步发展。书中写道:

> 正如媒体共和派提出的,如果权力并不是持续性分配的呢?如果权力只在某些时刻,甚至作为例外,才为人们所关注的话,我们可能觉得它并非一种普遍现象,而是一些特殊的偶然的现象了。也就是说,我们思考的不应该是一种权力,而是多种权力……由此,可能对暴力和冲突的发生形成更客观的认识,而不是在所有社会关系都符合普遍模式的思想指导下的带有偏见的认识。

的确如此。但我跟哈特利和卢姆比分歧在于,这些现象存在的条件是什么?赋予其活力的权力有哪些?我提出了一些更具思辨性的假设。在我们"共和派"的发源地澳大利亚,似乎还存在政治。知识分子和学者们在"公共领域"或者"公共物"的构成上仍有用武之地。而在我2000年移居地美国,"公共物"的存在已经不那么可靠。因此,多想想一些或然性的潜在条件有哪些也许更有用,而不是寻求所谓"普遍模式"。

本书第一组文章探讨的是抽象空间的"横轴",即中心与边缘的关系问题。最后几篇更注重于"纵"的抽象空间,即社会构成的基础与上层建筑间的关系,尤其是阶级关系。中间一组文章的中心从关注帝国关系中的矢量的体验转向阶级关系中的矢量的体验。黑客人物取代了对拓客人物,不过仍扮演相同的概念性的角色,即"非此亦非彼"的模糊角色,既不属于统治阶级,也不属于无产阶级。本书发现了在这两类模糊且矛盾阈限的人物的一些特性。在"纵"、"横"两组文章之间是一些"时间中的抽象空间",即历史类文章。探讨矢量如何把过去的各种关系改变成为当下存在的关系。

因此本书意在展示全景。这里所展示风光,被称作"心理地理图"。当然,它不奢望占有无限时空,无意占有什么。它也不会像房地产开发商似的思维和写作,把一个小册子分割成条条块块的。它所描绘的是一块读者也许愿意一游的空间。至于写作上作者也只愿在这里轻装简行,不希望当做根据地似地占据。

据说当年泽拉战役结束后,凯撒喊出"我来了,我看见了,我征服了!"这句掷地有声的话语。这句凝聚力量与权力的话,可以调整顺序后用于矢量,"我看见了,我征服了,我来了。"一个可感知的空间打开了,也就有了被占领的可能。所有矢量都会导致对拓滑移现象。只要把它们当做工具使用就会有这种经历。凯撒故事的寓意在于,无论如何,矢量总会收获战利品。伯纳德·斯蒂格勒把矢量比作既具有毒性又有疗效的"魔幻药",总是具有矛盾、甚至对立的功用。矢量既非海德格尔式悲哀的原因,也不是公司发展的强大动力,倒是漂流、制图、记录下临时性结果的原因。

19世纪巴黎道路拥堵起来,邮政快信难度不断加大。因此,巴黎建造了气动导管系统用于传送信件。导管沿着城市原有的输水和下水道运行。由此,在地下水矢量上一个个装着快递信函的铜质小盒子高速前行着。信函专门使用蓝色书记纸张书写，也就有了短语"有蓝的"表示有邮件。还有一些大城市也有类似的传送系统。甚至进入20世纪后一些系统还在运行，直到电话投入使用，大大减少了纸质书信。"蓝色"系统很好说明了矢量的特点，可以远超出同时期其他方式的信息传递速度，也是一个社会空间时代来临的前奏。

　　气动导管系统是矢量，道路、航线、铁路都是。它们都能够用来运送物资、人员、武器、函件和各种包装物品。之后不断出现的不同类型的矢量主要包括电报、电话、电视等，其后新型矢量就纷至沓来了。这些都属于新的 telesthesia 矢量，即可以跨越时空的感知和接受的媒介。它们比过去实物运输媒介物使用的空间更为广阔和复杂。矢量意味着信息传递速度远快于实物。即便邮政部门以最快速度运送一盒香皂或杂志，也比电报信息慢得多。矢量所开辟的空间有一些奇怪的性质，我们的任务就是通过分析其实际作用结果，来了解、记录这些特性。

写于纽约祖科蒂公园

2. 新致残的婴儿

> 我们对高贵而慷慨的伊壁鸠鲁式享乐该作何评价呢？你看它不无自豪地把美德揣在怀里细心呵护着，任其快乐嬉戏，把耻辱、热病、贫困、死亡以及痛苦都送给它作玩具。
>
> 蒙田

那些貌似最天真无邪的媒体图片可能最邪恶。比如上世纪90年代的索马里。当时联合国派驻的武装力量陷入困境，成为现实政治的牺牲品。这一切的起因何在呢？就是媒体上那些瘦骨嶙峋的儿童的照片。那些无辜的儿童，细弱的四肢，大大的棕色眼睛，鼻孔周围还爬着苍蝇。从脏污小报上或高分解像素的卫星照片上，他们用无辜的眼睛紧盯着我们。一看到他们我总是不知所措，心都提到了嗓子眼。看到这些无辜的受害者，谁不想立刻就不假思索地伸出援手帮他们呢。

一看到这样的图片，我自己首先就变得孩子一样天真起来，总想有人能站出来做点什么。在我们的情感结构中，孩子总占有神圣的位置，我们不可能会无动于衷。广告部门深谙此道。即使相机或洁厕灵之类的广告，也喜欢使用儿童形象。在相机广告里，儿童不仅是拍摄对象，他们还经常自己拿着相机拍摄。瞧，多简单！即便毫无摄影知识也没问题。对准目标，按快门，行了！谁都会用！再看那些卫生间清洁剂广告。孩子的小手出乎意料的伸向马桶，多亏妈妈弄得这么干净！

在玩具店门前排队时我总会想到这些。我要给侄子侄女买圣诞玩具，视线不舍得离开手里"乐高"包装盒五颜六色的图片。我留意着前面顾客的结账进度,耳际回响着远处传来的礼炮声,大脑快不够用了。附近某处,一屋子带视频的可免费试玩的各种机器正跟一帮少年打得难分难解,力争赢得他们的心、他们的脑和他们对品牌的忠诚。

现在乐高积木流行粉红色了、冠名为"天瑭"。图片上的棕榈树下站着一群黄脸乐高小人,穿着度假装,推的是粉红色婴儿车,调的是粉色饮品。还有一个红色塑料鹦鹉,站在嘉年华幸运轮上。现在乐高积木玩具跟我小时候大不一样了,但基本指导思想没变:搭建一个乌托邦的色彩斑斓现代的乐园。组合起一个天堂,让孩子们试着拆了再重新搭建起来。

这些乐高积木人物使我想起以前在悉尼公共汽车上看到的一幅广告画面,上面画着数百个乐高小人,旁边广告词是"想找到难民吗?"我想象到的是孩子们可以用积木搭建拘留棚、铁丝网、问卷、隔离间等等,然后玩找难民游戏。他们可以把这套积木起名叫"隔离赢"。甚至可以用一堆五颜六色、奇形怪状的积木组合出地狱来,让乐高人物在其间游弋。

一些当今世界的驱动力,成年人也未必都懂。我们经常在电视上看到类似那些五颜六色、奇形怪状的乐高积木组合出来的东西。前南斯拉夫时期的"万斯——欧文和平计划"就是一例,因为连欧文爵士自己都没明白自己的计划。我茫然的盯着电视,千方百计想从颠来倒去播放的有限的信息中理出头绪来。战争都打到我客厅来了,像是表情严肃的不速之客。还是播放一个我更能抓得牢的图片吧。

这样的图片是有的:波斯尼亚自己的孩子艾玛。很显然,徒劳的尝试着治疗艾玛的医生埃多·贾甘加奇医生并不傻。他放弃了请求联合国出面抢救自己收治的生命垂危的小伤员,转向 BBC 寻求帮助。在英国国内,BBC 关于艾玛的新闻只在午间新闻节目播放一次。但 BBC 公司的一些头头有自己的想法。他们认为新闻有点故意"煽情","新闻价值有限",可惜这些合理的反思来得稍迟了一点。该消息不啻于点燃了一场公共情绪的森林大火。原来那些根本不把巴尔干灾难当做一回事的观众,一下子都牵挂起这个巴尔干孩子的性命来。一时间从首相梅杰到小报编辑们争相公开表达自己的强烈同情心。小报编辑们竟扬言不惜包专机也要把孩子们运出来！英国政府出面把艾玛空运出了波斯尼亚，迅速安排到伦敦一家医院实施手术抢救。毫无疑问，《柳叶刀》杂志会把这件事当做后现代时期医疗首案进行详细解剖记录下来。病例诊断结果：榴弹片无辜受害者急需高昂医疗救治。处方：瞬时、大剂量电视曝光。

为了不至于在表现拯救儿童热情上落于小报编辑们的下风，英国首相下令空运那些符合条件的婴儿离开波斯尼亚，同时也意在消除当时政府给人们留下的"缺乏同情心"的诟病。不过看看那些表情绝望的等待被运出地狱的难民，很少有媒体上大家熟悉的那张着无辜的眼睛，映衬着肮脏破败背景的孩子。其实他们绝大多数是成年人，而且不少人在其难民身份上做过手脚，尽管最终于事无补。其中也有些是为和平出过力的人。

可让难民们郁闷的是，为何这些英国救援者不遗余力地寻找几个孤儿，却对他们视而不见。好像那些旧玩具，总会被刚上市的新宠所取代。波斯尼亚的孩子们的确都符合无辜之特征。如果你也想体验一下像迈克尔·杰克逊当年演唱"天下一家"时的那种童真的感觉，帮帮这些孩子就成。帮助这些成年人就得不偿失了。他们总让人觉得跟什么不干不净的东西，比如政治，干过龌龊的勾当。

当今实用主义伦理学像随笔一样，不再风光了。这些事情也许并不相干。蒙田的随笔传承了柏拉图主义的普鲁塔克、禁欲主义的塞内加、还有少量犬儒主义的卢克莱修的思想。蒙田在其随笔中写道：真正有德行者是面对罪恶之诱惑，能顽强抵御住之人。有如此德行者既胜过天真之人亦胜过未经诱惑考验之人。电视新闻的道德经济寓意在于，我们更愿意选择天真和未经考验者，以回避思考我们本身德行是否经受考验问题，我们选择以天真姿态回应天真。

随着媒体日益全球化，我们对媒体画面的担心也更具全球性了。随之一个全球性的良心产业也应运而生了。这是一种"以物易物"性质的贸易活动。世界各地的"动荡地区"负责向我们输送新致残的儿童照片，我们就输送给他们一车车的食物和药品。在索马里和波斯尼亚交易都是这么做的。其实受难者的形象与我们做出的反应之间只有最抽象的关系。还有一种不那么抽象但能建立相似关系的是一些资助具体儿童计划的广告。在一个代表性的广告里，一个非洲小男孩，手里拿着根小木棍，赶着牛群，边走便说着如何给牛群洗澡除虫防病。其实这种对培养天真感情来说稍显抽象的关系，利用了另一种促使我每年圣诞节都要进玩具店的更熟悉的关系。尽管还是远房的，我对侄子侄女来说还是亲爱的送乐高玩具的好叔叔，顺便成了为无辜者建设新世界的赞助者之一。

在玩具店里说这些是不是太不近情理了？大概有点。但主要是因为我为那些既无财力也无智力，为CNN或路透社提供他们受伤而痛哭的孩子照片的家长们难过。我们能看到的，总会送些礼物，尽管不多，有总胜于无。更多是无助的人，甚至死了都默默无闻。譬如一个奄奄一息的孩子在丛林中倒下了，根本没有任何媒体记录，谁能听到他的呻吟？

那些职业宣传工作者早就深通此道，而且特别善于利用我们对无辜受害这些故事乐此不疲。1914年，德国军人在比利时刺杀儿童的报道，因为有律师和历史学家组成的委员会的参与而特别有权威性。但到1922年，这些故事因缺乏对指认和战时目击起誓的任何实际证据而平息下来。这种状况可以说是更大范围内被称作"军事娱乐情结"的一个侧面的前历史故事。

同情心是不留记忆的。当年袖珍王国科威特在遭到萨达姆·侯赛因入侵之后，科威特政府支付伟达公关公司1080万酬金，希望该公司能游说美国公众相信通过战争收回财产的必要性。有人也许以为伊拉克政府的暴行有目共睹，但美国立法者和公众很快就厌倦了拿人权问题说事。他们不听，要换频道。所以只高谈伊拉克侵犯人权就不够了。除了滥杀无辜，别的罪名怕都不管用。于是乎就有了伟达公司炮制的事件：一位在医院做过15年"义工"的女子向美国国会控诉邪恶的前伊拉克政府人员把婴儿从恒温箱中抓出来，扔在冰冷的地板上任其冻死的暴行。事后人们才了解到，这位女子其实是科威特驻伊拉克大使的女儿。

甚至小布什在竞选时也利用过虚构的儿童故事，而且不下五次。

英国政府为了说服动摇的公众支持英国参战,也在当年德国士兵杀婴事件上做了手脚。无辜受害的儿童故事可以唤起我们的同情,为孩子赢得有利无害的食物和药品。但这些故事也可能带去的是军队和战争,想想后果该如何!在萨达姆时期,伊拉克的确大量无辜儿童或惨死于报复或死于"种族清洗"。只是没有图片传出来,所以美国政府就可以坐视不管。直到后来有了图片,而且是不同的孩子,不同的故事图片,美国政府就真的就出兵了。

所有这些故事,其明晰度与意义都成反比关系。如果一个故事都没有明确的加害者与受害者,可能就没有什么吸引力和感召力。还有什么样的故事能比加害孩子更具有故事性呢?但问题是,如果利用儿童做文章,其行径比亲自加害儿童更卑劣,而且是极其庸俗的卑劣。随着媒体矢量的日益全球化,被汉娜·阿伦特称作"邪恶的庸俗"也越来越司空见惯了。此类庸俗的故事也许只能博得极短暂的同情,很少产生实际效果。偶尔它们会诱使我们向苦难的深渊张望一下,抱怨一下制度设计问题,仅此而已。我们从媒体这面镜子里端详一下恐怖的面孔,思考为什么会有大屠杀之类的惨剧发生,随后就调台。

又发现一堆很小的儿童颅骨……

媒体记者们专门使用动词"皮尔杰"一下,意思是善意的煽煽情。该用法来自约翰·皮尔杰。皮尔杰先生的确是传媒界的煽情第一人,尤其在其作品中使用在柬埔寨被地雷炸飞的儿童残肢画面,堪称煽情登峰造极之作。是谁埋的地雷呢?当然是红色高棉组织!谁训练他们如何使用的呢?英国特别空勤部队。那么又是谁提供资金支持游击队,反对金边政府的呢?美国。煽情首选的画面非"特别小的颅骨"之类莫属。在皮尔杰的手中,它们都变成了道德图腾,煽起了一定要找到暴行之罪魁祸首的热情。他的关于儿童和地雷的电视报道终于让瑞典首相忍住了没换频道,而是换了其在联合国准备投出的一票。

如果我们在电视节目中看到陌生人触碰儿童,我们马上就需要确定这个成年人是不是我们的同类,而且值得信任,否则必然会有故事发生。我至今记得1991年看电视时的情景,萨达姆把儿童当做"人质",并通过电视对外展示。电视上的伊拉克独裁者穿西装打领带,胸前口袋里塞着折叠整齐的白手帕,一副典型西式装束。他说西方媒体完全误解了当时的情形。他解释说:"过去几天里我读到一些西方报纸文章,督促布什总统对伊拉克实施打击,甚至在西方媒体仍在伊拉克的情况下,立刻动用武装力量进攻伊拉克。"一个母亲表示对孩子的教育很担心时,他立刻表示"派教育部专家"帮助解决问题。萨达姆抚摸着7岁的斯图亚特·洛克伍德的头说到:"当他和伙伴们在这里完成了阻止战争爆发的使命,你们在场的所有人都成了和平英雄。"

当时英国外交大臣道格拉斯·赫德的评价是:"我很久没看到过这么让人恶心的事了。"也还是这位赫德大人,曾经谴责皮尔杰关于英国特别空勤部队训练红色高棉游击队如何使用地雷的电视节目。赫德声称英国是最早谴责红色高棉组织的国家之一。事实果真如此吗?事实上英国一贯支持的柬埔寨联合组织,其中包括红色高棉。那些无辜受难者的图片促使我们的政府领导发表声明,因为他们觉得有责任采取行动。但他们并没有提出什么一贯的行动纲领,只是言之凿凿,情之切切的要为无辜受害者伸张正义。这些其实很快就被遗忘了。

萨达姆不经意的抚摸孩子的脑袋,引出了一个古老的"阿拉伯神话"。要理解该神话,得从前南斯拉夫哲学家斯拉沃热·齐泽克说的,关于威胁"民族性快乐"感的观点。齐泽克指出"我们总强加于'他者'更大快乐,他/她(通过破坏我们的生活方式)偷走我们的快乐或自己掌握了一个通向隐秘、反常态快乐的途径。"当西方媒体就萨达姆抚摸孩子事件进一步炒作时,萨达姆已经改变了被萨义德称作西方人对中东地区的"东方主义"视角的一些特性。萨达姆似乎并不是信奉摒弃世俗快乐的原教旨主义者。由于缺乏其他关于中东地区文化记忆方面的图片资料,媒体的炒作促使读者从萨义德的《东方主义》一书中寻找线索。

从王尔德的《莎乐美》,福楼拜的《萨朗波》,到托鲁齐的《欲望的日子》,东方还有着完全不同的故事:有极端快乐主义,有后宫,有奴隶,有面纱,有舞女(男)等等。更有在影片"加利波利"中表现的阿拉伯恋童癖之迷思。在影片《安扎克》(澳大利亚战争片)中"我们"士兵买春被视为正常行为,而阿拉伯人却被刻画迷恋男童。

当萨达姆打开一个通向西方的通讯矢量时,他显然头脑里并没想到这些东方主义的画面或东方的避讳。据埃及记者穆罕默德·海卡尔报道,在伊拉克电视上经常出现萨达姆战争期间亲吻儿童的镜头。"在伊拉克国内这种做法是成功的,官员们以为在国际上也可行,但他们错了。"剑桥大学的研究穆斯林的专家阿克巴·艾哈迈德,在解读独裁者的这些形象在伊拉克会引起什么样反应时指出:"依照伊拉克文化,长者或更具权威者经常用手轻拍孩子的头或用手指卷弄孩子的头发,完全为社会接受和赞同。"即使独裁者也需要玩一些感情政治。

萨达姆只能在国内从秘密警察那里了解到自己的做法会引起什么样的国际反应。在国际舞台上,不可能像在伊拉克国内,几乎只有一种不能越雷池半步的解释。西方的媒体早已不把他视为"我方"阵营(阿拉伯"温和派"),而是"他方"一员(阿拉比"极端主义分子")。那么他的抚摸就不再表达善意而是恶意了。好像在遥远的异国他乡,总有些地方,"我方"孩子的天真在受到威胁。如此以空间纬度构建和叙述外界的方式是极不确定的。总有不好的东西逼近我们。因为我们总是善待孩子,就简单的以为"他者"对孩子是恶的。

每日电讯报的标题坚持用"邪恶视频"几个字,副标题要更婉转一些:鬼娃是否导致贾米被害?"鬼娃"是电影《鬼娃回魂》及续集中被恶灵附体的一个儿童玩具。贾米就是被两个10岁男孩,琼·维纳布勒斯和罗伯特·汤姆森杀害的贾米·布尔杰。在《鬼娃回魂》同谋杀案有一些表面上很相似的细节。维纳布勒斯的父亲租过该影碟,但没有证据证明两个孩子谁看过。但在案件审理过程中根本没有涉及证明影碟与谋杀案的关系的证据问题。

在辩论一部流行电影的影响与这种不可思议的凶杀案有多大关系时,就只用了"恋物癖"一个关键词。因为需要为影响找出确定的根源,必须把所有相关背景抽象化、取其要点再压缩成一个视频资料。家庭环境、社会环境,包括教育环境,都被缩减掉了了,只剩下无辜的孩子受到《鬼娃回魂》邪恶的影响的结果。看看这是多精彩的推论:媒体表现世界上的邪恶与暴力,所以媒体就必然是世界上邪恶与暴力的原因,然后媒体再展现更多的邪恶与暴力形象。是不是红色高棉的那些杀手们也是因为在其干部训练营里观看了《鬼娃回魂》了呢?

在"恋物"问题的背后是我们"跨越时空的感知"时代的相互关系问题。在我们日常生活中，我们想到的最多的是家庭、亲人、朋友、邻居等。但我们的日常生活也夹杂着许多来自四面八方的图片、影像。打开电视，你看到的是别样的天空。BBC那位慈祥的气象播音威拉德·司各特先生过去总说："瞧瞧当下你的世界里正发生着什么。"在我的世界里也好，你的世界里也好，就在我们家里，总能看到我们小世界外的大量图像。其中有身体受到伤害或性侵犯的。这些图像丝毫不尊重我们的感受。不会被进行分级分类，不会考虑哪些只适合于成人观看的时段或只适合在公共空间播放或展示。它们无孔不入，不断侵入我们私人空间，侵入尚缺乏辨识能力的孩子们的生活。图像辐射着、充斥着，无耻可憎。

　　各地发生的危机，原因通常复杂、隐晦。而我们看到的却像是一出出室内剧般简单明了。但是在媒体矢量的另一端，即跨越时空的感知的接收端，我们越来越担心可怕的幸运之轮不断旋转出恶俗的结果。我们试图挣脱，因此把媒体简单的视为邪恶之物。此类物品必须是危险的、神秘、邪恶的，但同时又具有使人欲罢不能的魔力。远方的另一个世界充满诱惑，但也常常令人敬而远之。有时我们要求媒体只展示那些美好的画面，那些可爱的粉红色的物件。我们希望电视能像洁净明亮的抽水马桶一样，对孩子是安全卫生的。打心底我们希望它对成人也是安全的，不希望那些小小的头盖骨狠狠地盯着我们的良心看。得了，我们上网吧，准能看到孩子从脚踏车上摔下来或看完牙医后回家抱怨没完的视频。

　　归根结底是距离与权力的问题。我们对这些图像信息有多大的发言权呢？并不大，不过我们看到了其中蕴涵的各种权力关系。有的权力过强或过弱；有的过近或过远；恰如其分的权力关系却难得一见。在孩子的周围我们看到了主人和监护人、护士和特工、将军和家长、兄弟姐妹和律师、医生和恋童癖患者、杀人犯和叔伯长辈等等，其中有些人信得过，有些人却未必，有时候你根本分不清。我们总自以为是最值得信赖的。知道为孩子选择恰当距离，行使对孩子最有利的权力，提供最好的礼物。

对我侄子侄女而言,我的形象也许有点模糊,但我希望起码是值得信赖的。我只是一个远道而来,给他们买乐高玩具的叔叔,带给他们一个小小的粉红色世界,任他们在其中游戏或创造。我还是一个关心世界不平的作家,帮助人们更好的了解这个世界并为之尽一份力。所以我会写"文章",写我的"阅历",我的"评判",希望找出理智与激情之间,记忆与忘却之间的恰当距离。我文章意在写抽象事物,但我的眼前一直浮现两个孩子的身影,我的思绪始终离不开他们的未来,还有这个将属于他们的世界的未来。

写于澳大利亚悉尼

3. 何处是归宿：非此处亦非彼处

在海边长大的人对文化和世界具有独到的视角。既然本文写的是传媒技术如何重塑我们整个世界的表层，以及如何从一个较为有利的位置观察世界的变化，那么从海边开始应该是合乎情理吧。

我小时候生活在澳大利亚纽卡斯尔，住在挡风板搭建的房子里，两侧分别是铁路线和公路，最喜欢翻看《读者文摘》版的世界地图。我会用描图纸在澳大利亚的地图上描绘澳大利亚概况，按喜好做成了自己的澳洲地图。我最先描绘的是自然概况，分别用绿、蓝、褐色绘制出海洋、土地和山脉轮廓图。在图上这些地方都是不规则、很难接近的区域，每个地方都很独特，边界蜿蜒曲折。

之后我就在这些轮廓里面画上大小不一的黑点，所有的黑点周围是不规则的线条，这些线条把大片土地分割成一块块空间。不经意中，我绘出的地图竟映射出了我们的"第二自然界"：黑点代表大大小小的城镇，其边界反映出现代时期这些城镇实际控制的范围。铁路线和其间的报纸，勾勒出那些在政治、经济、文化上一体化的地区。地图的全国性取代了地区性特点，它打破了过去地区分割，把空间合并成更大的抽象单元。因此天然障碍和地域性隔离状态被"生产流"的"第二自然界"克服了。

然后我取出大大的红色记号笔，把图上所有黑点都联接起来。主要城市之间用更粗的线条，地区性中心城镇间的连线稍细。从电报到其他各种远程通讯手段，在"大自然"和"第二自然界"地理之上又覆加上一种新的地理形态。我觉得这正是了解大多数澳大利亚人的过去，也许包括今天澳大利亚人的一个渠道。

在我成长的房子里，一艘船模占据着极显著的位置。它是历史上最快的帆船之一"卡蒂萨克"号的模型。今天人们只知道"卡蒂萨克"只是一种著名的威士忌酒而已。我1987年第一次去中国，当时去了上海博物馆参观古典绘画。记得博物馆值得看的并不多，但有一个"卡蒂萨克"号模型。因为它著名的创纪录航行就是从我的家乡，澳洲东海岸新南威尔士州的纽卡斯尔到上海。

到21世纪初，纽卡斯尔已经是世界最大的煤港之一，也是运往中国的最大的煤港之一。运煤的都是那些巨型的货轮。如果你买了什么中国制造的物品，其中很可能就有我家乡的成分。因为生产该物品的工厂可能就用我家乡的煤发的电。中国的产品早已被一艘艘巨型集装箱船运往世界各地。

这些产品中大多是塑料玩具、厨房用具之类的普通物品，但有些则不然，还有各种手机、笔记本电脑等。尽管也是用相同的电能而制造，但它们是有区别的，至少潜力不同。插上电之后，差异就显现了。并不只是通了电问题，而是所需的网络的基础设施，我在我的地图上是用红线把它们标记的。这些物品加上网络系统，造就了具有独特性质的空间。

在离开纽卡斯尔之后，我就长期住在悉尼的乌尔蒂莫区。我居住的公寓，就在那些已经废弃的老羊毛店的后面。这些老店莫名其妙地就被火烧掉了。这些遗迹见证的不只是曾经风光的羊毛出口经济和过去的田园文化，而是一种被淘汰的权力的残余。一种新型权力统治已经控制我们星球的通道。新型权力无需远洋航道或巨轮承载，而是通过通信卫星和数据流进行传送。用曼纽尔·凯斯泰尔斯的话就是，我们越来越多地生活在"流"空间，不仅是过去的"地点"空间。对此，我需要构建新批评框架，加强研究力度，以期更大的共鸣和影响。

马歇尔·麦克卢汉先生早就使用了"地球村"一词。那些用我家乡的煤炭最后制造出来的物品，把"地球村"又搬进了家里。现在"地区"与"全球"的边界日益模糊起来。现在即使还能绘出边界，也未必能够清晰地按照地理空间划分区域。"本地"的可能远在天边，"全球"的也可能近在眼前。麦克卢汉先生使用矛盾修辞法造了这么一个词,还是很有道理的。"地球村"一词,和"虚拟现实"、"活死人"、"公开的秘密"、"后现代",甚至"网络空间"等相似,形容词和其修饰名词原本是不能并存的。我们都已经习惯了使用这些词,这也说明我们习惯了曾经感觉矛盾的、新奇的空间。

可以说,"我们"现在都屈服于一些驱动当今世界的抽象的力量。读者可以根据各人不同的经历赞成或反对我的判断。我还不能像称呼一个具有自主功能的专业团体一样,完全肯定地使用"我们"一词,因此我只能选择澳洲悉尼的乌尔蒂莫区作为我思考现在新通讯时代各种关系的具体场所。

在乌尔蒂莫区可以看到一些怪事:比如可以看到一大群飞船从头上滑翔而过。1988年1月26日这天在乌尔蒂莫区可以形象地观察到海洋权力时代是如何象征性的向多种矢量集合权力时代过渡。看到那些飞船驶入悉尼港的同时进入我的房间,当然还有通过电视直播进入成千上万的其他房间,真是一种很奇特的体验。这是一次欧洲船队入侵澳洲大陆200周年纪念时的当年情景再现。像当年第一支舰队首次入侵澳洲大陆一样,入侵者们停泊之后,向赞助商表示了感谢。

保罗·维利里奥问过:"如果我们在瞬间就能往返于对拓点,结果会如何?"该问题恰如其分的综合了我们关于日常生活体验的时间与空间问题。从时间维度看,我们目前究竟生活在什么样的时期?从空间上看,又是什么样的空间塑造出现在的我们?两方面问题的答案都可以从对拓的概念中找到。在各种空间关系上澳洲只是对拓点的一极,而且是挺有意思的一极。

在彼得·卡拉斯的视频作品"午夜正午:反地"(1988)中,有一个著名的画面:一个澳洲土著男子站在海滩上,凝望着第一个抵达新大陆的舰队。后来画面渐渐缩小成为一个岬角。一个白人男子的身影站在相同的海滩,望着远方的地平线升起的蘑菇云。卡拉斯试图刻画出这么个地方,总需要通过与其他地方的关系,尤其是一个强大的"它处"来界定自己。先是英国人到来,殖民开始了。然后美国人来了,殖民继续,不过用的是可口可乐。澳洲正是这样地方。我们是谁？谁都不是。我们总需要和另外一个我们产生共振作用才知道我们的存在。这是澳洲进行艺术创造、批评等必需条件之一。甚至浅俗理论也需此前提才能实现超越。

对拓点问题是了解矢量技术统治时代的中心问题，因为正是通过矢量技术，那些帝国才建立起与对拓点的关系。现在这些关系本身有了生命。正因为如此，我才有兴趣探讨与支配文化或主体文化相对立的，被雷蒙德·威廉姆斯称作"后生文化"的相关问题。也就是探讨人与地关系之间的矢量体，而不是人本身的文化认同问题。本文无意作阶级、种族、性别或民族性等主体间关系问题的伦理性陈述。此类问题当然非常重要，但同样重要的是那些社会关系，那些导致一地人民从属于另一地，或者那些通过价值的萃取与流动，组织对作为空间的自然进行榨取的社会关系。

文章同时探讨人与船、人与通讯卫星的联系问题。本文还涉及伯纳德·斯蒂格勒称为"语法化"的问题，尤其是在该概念中被忽略的一些方面。"语法化"过程把语言的"异形流"分解成许多相等的单位。语言如此，邮政、流水线、集装箱装运等等何尝不是。音素流、字母流、煤炭流、乐高套件流等等，都被切割成相等单位，易于交易的片段。如此带来何种空间？何种关系更易于生存发展？非对拓性的莫属。

如果历史性的思考文化变迁，以媒体为参照，那么思考"后生"、"语法化"的文化形式就出现两大问题。一是如何接触关于新技术的知识问题。二是如何对具体经验进行归纳问题。换言之，我们对时间与空间的认识上会面临的限制问题。我们往往对最新发生的事情了解最少，尤其正在发生的事件。那么空间距离最遥远的是与我们对拓端的各种文化形式。问题可能变得更复杂：恰好是这些我们想认真批评研究的新生媒体形式，以其稍显稚嫩的故事和图像，试图为我们解决上述问题。真正解决问题需要试验和实践行为，需要有批判理论，需要直觉的视觉化，需要思辨性概念化，尤其需要浅俗理论框架和媒体艺术。

无论是多么全球化视角的还是多么抽象的分析，总脱离不了特殊文化根源的影响。所以文章写作选择了杂文的形式，也提出了杂文的经典问题"我知道什么？"所以我首先想写我个人对我们这个喧嚣星球的生存体验。结果文章变得很抽象。鉴于个人生活中对舰船和电视独特体验，文章也难免夹杂一些偏颇的观点。长期我想在文章中把蒙田的"我知道什么"问题换成更符合对拓时代现实的"你们从哪里跟我说话呢？"

长久以来，澳大利亚文化挣扎于两大抽象的运动空间之间，不遗余力要在其意识中固化一些文化元素。第一个运动空间是海洋。黑格尔说："大海给了我们茫茫无定、浩浩无际和渺渺无限的观念；人类在大海的无限里感到他自己的无限的时候，他们就被鼓起了勇气，要去超越有限的一切。大海诱使人类从事征服，从事掠夺，但是同时也鼓励人类追求利润，从事商业活动。"于是，第一代矢量统治时代就这样在矛盾之中延伸到了整个世界。

当年入侵澳大利亚的文化运用的是海洋技术。该技术把原本极其危险的航海变成了流动、移民、贸易，尤其是战略的抽象空间。这段历史就是从海洋空间转变为"流"空间的历史。通过入侵和移民手段，实现对拓端的转变，前提是存在一个"物流"的世界。人类对大自然的"征服"以及对由人类建造出来的环境构成的"第二自然界"的不断改造，都必须以"流"空间为前提进行。从第一个船队到快速帆船，海洋技术的发展成为世界现代性的核心工程。

今天在"物流"为基础的"第二自然界"之上，存在着另一级抽象空间，带给我们另一种"无限"的感觉。我认为从现代向"后现代"的过渡可以描述为从一种抽象形式向另一种抽象形式的过渡，从由海洋和铁路矢量为代表创造出的抽象社会空间的"第二自然界"，过渡到由电报、电话、电视、电信等创造出的抽象通讯空间。这些技术形式可以统称作跨越时空的感知技术。从电报技术应用开始，"通讯"的就超过了"交通"的速度，两个原本同义的词汇在意义上开始产生分歧，因为它们开始指称两个不同的抽象领域。

"第二自然界"产生于人类努力摆脱生存困境，争取自由的过程中。人类通过组织社会性劳动，推翻大自然的无情统治。我们都知道，在创造"第二自然界"的同时，人类也创造出了新的暴政。在从大自然中解放出来的过程中，人类也在毁灭大自然。在"第二自然界"中，最主要的社会组织形式之一是阶级关系。劳动分工的结果是分解和物化每一种功用，包括艺术。

现代性的衰退在诸多方面反映出人们对"第二自然界"信任的丧失。劳动分工带来社会碎片化和反常态化，以及无端的强制性和市场混乱。"第二自然界"的自我补偿愿景在马克思主义和小资产阶级的社会形态中都在消弭。尽管如此，人们对"第二自然界"的自我补偿功能仍抱有幻想。在虚拟现实世界里、超级文本中、互联2.0版本、移动媒体、社交网络、"云"等等这种幻想几乎无处不在。尽管发生的领域不同，"完全通讯"的矢量领域工程正不断拓展并完善着以摄取和生产为手段的矢量领域的工程。这就是人类摆脱生存困境，争取自由的新幻想：至少对于那些位于在和"第二自然界"进行着斗争，努力将其改变成一个新领域的权力关系中心的人来说如此。

如果你坐在海湾的码头上思考技术问题时，结果可能就不同了。假如从对拓端观察，关于现代性的最根本特点问题就是世界被创造为一个流动的、不断开发的、战略性的抽象空间。并非发生在欧洲的事情就一定是现代性的基础，但欧洲与其对拓端的关系一定是。发生在美国、中国或者日本的事情未必就是后现代性的基础，但是这些地方与其对拓端的各种关系的变化肯定是。在这两种情况下，关系只是次级"主体间性"的。这种关系主要是以空间的急剧抽象化为前提的，权力的矢量技术之间相互碰撞，它改变了人类地球的生活方式。

如果从对拓端的视角或至少从坐落于乌尔蒂莫区的港口附近的公寓房间观察，我们能发现福柯的"惩戒性技术"的概念与我们可以称作"矢量性技术"的谱系间的对立。在现代的早期，真正带来统治性的权力的技术代表，不是边沁的圆形监狱设计，而是英国海军。请记住边沁的那个著名小册子的标题就叫《圆形监狱和新南威尔士》。矢量权力的基础不是社会团体的惩戒或监督，而是对社会团体的清洗。它发泄怨怒的对象已经初现端倪，但更多还只存在于想象里。

把那些社会闲人、罪犯送到对拓端去，体现了惩戒、圆形监狱策略与矢量策略之间的联系。两者都是创造"第二自然界"的典型形式。这两种权力形式都是由一个可见的领域与包围或跨越这一领域的技术结合而成。惩戒策略大量运用各种技术手段，对城市空间进行分割、搜查、围控。建立在足以设计、规划、跨越全球的技术基础上的交通运输，是其最主要矢量。整个世界都变成了矢量、流动潜力的目标。人体、货物、武器、信息等等，随着航海技术的不断进步，源源不断地来到了博特尼湾，来到悉尼，来到新南威尔士，来到整个澳洲，也就有了一个叫做澳大利亚的国家。矢量把一个个节点都纳入其控制范围。

对拓端并非帝国的"异己"（他者）。尽管在全球传媒交流（包括各种艺术）中，理想化的异域神话故事仍受青睐，但它们只是点缀而已。矢量真正关心的是通过实验和评估技术手段对对拓端进行管理，绝非异域传说中的野蛮战士或恶魔形象。它要把新开发的资源纳入其开辟的运输通道以利管理和流动。原本一个富有理想主义色彩的对拓性"他者"，被纳入一个具有世俗的战略和经济价值的抽象的网格之中。"他者"变成了资源，而不是一个再造的"西方工程"。

在矢量统治权力的发展过程中，一切都依赖于感知技术的进步。在海洋权力统治时期，探明船只所处的经度位置具有决定性意义。正是这种技术使库克船长可以1770年测定澳大利亚东海岸的位置，飞利浦船长据此带领舰队第一次来到这里。那些抽象的地图、航海图和根据太阳方位计算的数据，与船只航行途中经过的实际地方之间的关系，也更具有实际意义。每次航程和目的地越来越相似，有了更大的可交换性。不仅是物品的流动，信息流动亦然。信息流动也失去了一个固定的目的地。

在精彩的《欧洲视野与南太平洋》一书中，伯纳德·史密斯提出英国海洋霸权的崛起，加剧了新古典主义表现形式的衰落。新古典主义风格的风景画是理想主义的，而且当时这种美学思想已经被皇家学院制度化了。英国皇家学会却更推崇具有典型意义的美学表现形式。皇家学会支持太平洋地区的海洋科学考察，倡导库克、班克斯船长们所发现的更具有实际价值的典型的表现形式。这种新的艺术表现手法也构成现代社会关系中最前沿的有机组成部分。旧的表现形式像薰衣草被锁进了箱子里，成为一种传统。此次分裂一直困扰着现代艺术，直到今天。

绘画艺术遵循着皇家学会的理想主义表现模式。而皇家学会崇尚的以类型为基础感知技术，成为后来维利里奥称作"感知流"的先导。今天恪守传统绘画艺术的批评者只能从一些侧面批评"感知流"思想，但并不否认它是一种"权力形式。"美学的核心问题由过去纠结于图像所表现的内容的形式特征转向图像生产的各种关系问题。

当代画家可能会利用到某些类型的摄像机。他们未必都注意到在低光条件下，它们会有非常好的效果。没有人会问为什么。其实，普通视频游戏的核心部件叫做"电荷耦合器"，简称CCD。该组件最早设计目标是应用于卫星，在卫星进入轨道后其主要作用是探测俄罗斯洲际导弹的闪光。

美国人是怎样知道俄罗斯人要在古巴安装导弹的呢？渠道之一就是俄罗斯人在古巴建造了可疑的钻石形状的装置。安装在卫星上的摄像机，能够根据其拍摄到的图像判断出这是俄罗斯导弹发射装置中使用的电池的典型形状。通过卫星找到俄罗斯人的导弹发射装置并不困难；尽管前苏联地域辽阔，他们习惯于把导弹安装在铁路干线沿线。因此，情报摄像的关键是寻找两种典型形式：一是导弹发射的典型场所，二是俄罗斯的军工企业建造发射场的形式。当这种典型形式出现在其他地方时，也就是古巴，就成为引发后来被全球媒体称作"古巴导弹危机"的证据之一。

今天我们看起来已经超越了黑格尔时代的那些决定世界架构的技术，我们不再生活于一个将世界连续性空间人为地分隔开来的时代，而是生活在一个对多重的延续的时间按需要进行编辑成为断裂的奇特节奏中。编辑工作成为调节连续性的信息流，而不是静态的图画或孤立的文本的手段。现在需要动员更广泛的权力资源来组织信息：有关市场、产品、消费、事件、力量、资源等信息，尤其重要的是关于其他信息的信息。矢量权力不同于圆形监狱功能，圆形监狱设计理念是，从一个位于监狱中心的观察点可以监视其所有囚室。矢量权力更似"全方位监狱",可以将多重信息流编辑成持续不断的信息大餐。

海洋矢量统治时代为艺术家们构想或刻画典型形式提供了新的角色。典型形式也就成为评估那些意在利用典型形式所描绘的各种工程的相对价值的方式。在海洋统治的过程中,可能会有一些错误的计算,最臭名昭著的就是对澳洲博特尼湾的殖民。土地本身也不等于被表现出来的土地。矢量的逐利过程也就是无休止的修正和证实关于这个世界的信息的过程,与此同时也为世界开辟了新的发展空间,改变了"第二自然界"。

今天新的先进技术不断聚集,创造出更复杂的工程,或便捷或耐用或兼而有之,从对新闻公司进行资金重组,到登陆一个国家卖运动鞋。矢量"信息流"的发展,使"流空间"成为可能。在该空间里,工作岗位、军队、金钱——所有一切都可以从一个可交换空间转到另一个可交换空间。美学就是"第三自然界"新领域的组成部分之一,尽管未必人人都喜欢。矢量催生出一个更稀缺性的美学经济。

"第三自然界"的发展与"第二自然界"的发展有许多相交之处,为划分现代与后现代带来一些困难。两者的重要分界点是电报。电报标志着一个新通讯时代的到来,信息能够以远超出人或物的运行速度进行传递。电报、电话、电视、电讯等,这是一个跨越时空的感知的时代。当信息运行超过人或物的运行速度之后,它与其他运行的关系,特别是与空间本身的关系也随之发生改变。我们不仅在地理内,更是在"流空间"内运行。

如果说文化的各种社会关系中有什么质的变化值得后现代之称谓的话,也许就在这里。也许我们可以把这种事物的状态叫做"第三自然界"。"第二自然界"中城市、道路、港口、商店等等不断被"信息流"的"第三自然界"的一条条红线穿过,产生出一幅信息风景图。信息发展虽然不平衡,但已经完全覆盖了老区域。从电报开始,"第三自然界"就在持续发展,到1970年代后期达到了一个关键点。当时"后现代"用来指称一些新现象,"网络空间"用来描述这些新现象的空间作用。理论上的后现代和文献中"网络空间"都是对"第三自然界"景象的探索。

我们今天已经可以很清晰地看到,至少在概念上,"第三自然界"的终端状态。德勒兹和加塔利反复提过挺发人深省的问题"也许我们还没有变得足够抽象?"鉴于地域和主观性的限制性,进一步抽象又作何解呢?我们可以想象出一种近乎谵狂的未来。它不会是马克思的各尽所能,按需分配的未来世界。更可能是具体化的根茎状的未来世界,在其中每个运行轨迹之间都有潜在的联系,每个轨迹都可能相似而且都是无根的。我们都失去了根系,只需要空气。我们都不再有起源,只有终端。我们也不再有对拓端,只有对拓概念。

这种幻象以各种伪装出现,而且无处不在:在加州的那帮技术怪才中间;在后现代派在绿色运动成员中间;在默多克的企业应变能力上;在五角大楼的一群"最前沿"霸权主义分子中间。在各种通讯关系和"第三自然界"的争夺方面,斗争是惨烈的,丝毫不逊于当年对生产关系和"第二自然界"的占领,只是当年的许多老规则已经过时了。

对"第三自然界"跨越时空的感知因地而异。虽然矢量是抽象的,却不是无处不在的。甚至要试图思考其抽象性,也总是以我们熟知跨越时空的感知方式开始。在思考矢量抽象性时,可以通过发现其中隐藏各种对拓性关系,先获得一种具体地域感。对拓性指的是"既不属于此处也不属于彼处"的一种感觉。这是一种通过与他者的关系才能体验自我身份的状态,而且在意识中这种关系感比对自我身份或通过他者投射的身份的体验,更为强烈。

对拓性体验会使人感觉不安,甚至有点精神分裂之虞。虽然这种感觉并非只是澳洲人才有,却是澳洲文化中非常普遍存在的焦虑。这是一个总被联系到另一个地方,总被其他地方界定的地方。我们谁都不是。不管我们是谁,总以对拓的另一端身份存在。

今天这种对拓性存在的焦虑感日益普遍起来。随着矢量时代而发生的"贸易流"、"文化流"的日益全球化,澳洲身份认同的旧伤口再次被撕裂开。如今这个嘈杂的星球上,文化产品的流通规模和速度迅速上涨。流行音乐、影视、一些流行文化的原材料,不断按照跨国金融、营销计划被推向国际市场。忽然间文化认同似乎也流动起来。

我们似乎更注意到各种关系和"流",而忽略了其来源和目的地。

文化差异已不再是特别受制于地方性的具体体验。可以与这些"纵向"差异——不同地区的、民族的、国家的文化差异相提并论的是"横向"差异,这些差异不再完全取决于地区性,而是取决于你被接入的具体的"流"。我们费尽心机试图保护的某些文化差异形式,却沿着另一轴心迅速的自行重组着。

新的文化差异体验是一种对不同地点、身份和形式间积极的运动轨迹的体验,而不再是在人与人之间或地区之间划个界线而已。这是一种对拓性。它是矢量带来的差异性。跨国交际的矢量快速发展导致对拓体验日趋普遍。互联网几乎把全球的每个角落都联接起来,很多人都体验着对拓性——陷入一种超出自我控制的文化运行轨迹的网络之中的感觉。在这个被"情景主义"者称为"过度发达"的世界,无论是日常生活文化还是学术思考中的文化都透露出一种对于对拓性的不安心理,甚至是偏执的怀疑的心理。但这种对拓性的确正成为当今技术文化斗争目标的新生成轴心。

对拓性这种令人焦虑、反感的一面也引起了政治(或伪政治)上的反应。一方面,它引发一些行动来强化身份认同,以对抗"流"的作用。各种形式的民族主义复兴;一些政治社团中的宗教狂热,如重新粉墨登场的伊斯兰主义者组织,印度民族主义者等都体现出一种回归到他们想象中的不变的身份和社会核心的心态。另一方面,在反全球化运动中,有一种联合就是不无矛盾地利用对拓性体验为背景,展开对针第三自然界的政治活动。

我特别要指出的是,现在只要试图创建一种社会组织,必然要排除一些人或物在外。建立社会的目的一定是与他者进行抗争,无论是大自然、其他社会组织或矢量等。今天当然还需要与大自然、"第二自然界"进行斗争,但现在又多出一个新的斗争方向:既不是自然空间,也并非社会空间,而是信息空间。每个社会都需要对其部分内部空间进行"去信息化"处理,也会设置一定外部信息流入的障碍。在定义上,每个社会都需要其想加入的成员某种程度的"正确性"。因此,在社会和身份认同概念上,允许一定的道德模糊性。这样做或许是必要的,但作为知识分子,我们需要保持一个批判的距离。

我们再回到德鲁兹提出的问题：如果我们还没有变化到足够抽象该如何？经过一系列的分析，有些答案已经浮出了水面。无论我们喜欢与否，因为跨越时空的感知技术，文化的差异性是无法保护的。在与矢量的斗争过程中，一些新的文化差异形式开始出现了；还有一些形式只能认输，也渐渐销声匿迹了。源于身份认同或地域性的社会关系的抽象化不是技术发展自身就能实现的，而是社会与跨越时空的感知之矢量技术统治之间的辩证结果。自动通讯的一些创新形式给地球带来了喧闹，也可以说是令人着迷的东西。自主性与对拓性之间的辩证关系构建出一种新型政治学，既关联性和流动性政治学，而并非身份认同和地域性政治学。在今天这个由我们自己制造出来的"第三自然界"时代，我们必须重新思考我们的沟通性介入手段（如艺术和写作），因为"第三自然界"正在迅速的改造着我们。

新技术也不可能用于保护文化差异。传统文化，具体代表如博物馆藏品，与其说是在博物馆里被保护，不如说是在被木乃伊化。新技术可以制造出新的文化差异以及新的自主形式和社会形式，但并不能对已有的文化差异做出任何实质性的"保护"。因为传统文化差异形式并非独立于那些用来保护它们的技术。

澳洲瓦尔皮里原著民社区里的艾里克·迈克尔斯和弗兰西斯·居普鲁尔拉的作品之所以引起人们的兴趣，正是因为迈克尔斯认为可以用视频设备，从传统的信息实践活动中"创造出"一个有生命力的社会（尽管蒂姆·鲁斯指出，瓦尔皮里的社会组织根本不符合任何传统的"社会"形式）。但这并不是保护，而是一个创作过程。它也不属于人种学，而属于艺术。

自然，这个工程本身在道德层面也更矛盾，而不仅仅是保护一种大家知道一直存在的交流形式。迈克尔斯认为只有通过抽象化，即把"第三自然界"的各种信息管理关系融合起来，才能开发和保护那些对瓦尔皮里的"口口相传式信息交流"经济中至关重要的知识。这一点倒有一定道理。

当年菲利普和他的"第一舰队"抵达澳洲大陆，并谢过其赞助人之后，就标志着一种原著民文化行将终结。两百年后的周年纪念活动中，当向全国直播的"菲利普"和他的"第一舰队"在模拟舰队抵达澳洲,并谢过赞助商之后,人们尚难以确定似乎也要终结什么。很多人原以为,"双百年纪念"活动应该能够强化全国文化媒体的空间,其实它已经是明日黄花了。

写于台湾台北

4. 言说的轨迹

体验这个已经被矢量改头换面的世界是一回事,而如何书写它是另外一回事。能不能把单词和句子放在一起,就能由其语法系统对它们进行"语法化"?毕竟理论也是一种书写。一种理论如果自认为有意义,有存在的理由,那至少部分是因为该理论通过语言的功能,提出一些认识世界的方法。理论所努力认识的和小说要做的肯定不同。理论至少要能够提出一些对日常生活的抽象方面的观点。小说可以长于具体日常生活细节的描绘,情感的微妙变化等。理论书写别的方面。理论要剖析一些抽象的力量是如何创造出各种体验的。

下面两篇文章要写两位著名的"浅俗理论"的践行者,在写作上本人师从的米根·莫里斯和保罗·维利里奥,一个澳大利亚人,一个法国人。在1980年代,他们都用非常独特的方式书写独特的体验形式。他们都擅长杂文,但绝对不落窠臼,而且扩展了杂文书写的空间,包涵了新的体验范畴。他们之所以被称作"浅俗理论"写作者,主要是与他们作品的出版发行和流通的场所有关。他们的作品主要流通于学术界、艺术界、建筑和其他"应用"性领域的边缘地带。在一个时期,这种写作本身就重在"矢量"性而不是学科性。两人都特别偏爱攫取一些当下的事件作为书写的切入点。但和其他典型的英语写作不同,他们绝不仅仅满足于挖掘事件的细节。

下面就先介绍一篇经典的米根·莫里斯的文章,属于典型的"通俗文化文本":《直播澳大利亚》。这种"四四"式跨大陆的"庆典"直播,也算是电视业对1988年澳洲"双百年"庆典活动的贡献吧。莫里斯的第一步是为该事件设定"类型"——"全景"式。然后她在全景中找出两个最重要分景:"帝国的"和"旅游的"。在"帝国"情境下,"看见"就是占有,而在"旅游"情境下,"看见"就是经过。需要指出的是,对全景的两分法,在澳大利亚的文本中是屡见不鲜的。在澳洲历史中,对景观的对拓性体验在两类情境中都包含着。本文还将进一步讨论全景的两个主要形式间的差异问题,以及米根第一步所开启的运动轨迹。不过下面先说一下"全景"的其他几个任务。

首先,莫里斯在文章的定义"类型"部分,介绍了一些刊物和报纸对其《直播澳大利亚》的批评反应。比如,一些文章批评《直播澳大利亚》缺乏历史深度。其实这正是"全景式"作为一种类型应有的特点:舍历史延续性,取空间把握。莫里斯此举的全部意义后面会逐步展现。这里值得一提的是,她巧妙地套用了媒体上对事件叙述,自己省去了对事件进行传统的批评。莫里斯通过重新界定其目标的方式,绕过了一些"套语":"直播澳大利亚效应",不是电视转播的效应,而是"全景式"带来的效应。"全景式"可以指电视转播的形式,同时也指前面提出的"全景"形式,而且两者还可以进行比对。莫里斯特别精于迂回战术:绕过显而易见的目标,然后从身后偷袭。"真正的暴力行为是那些不言自明的暴力",而莫里斯的写作方法显然汲取了巴尔特的"悖论"修辞法:结论往往似是而非。

莫里斯从类型特点角度,解释了《直播澳大利亚》中历史背景欠缺问题,然后说明自己文章的意义所在:《直播澳大利亚》并不企求纪念或怀念什么过去。它书写的澳大利亚是一个可以参观访问、可以投资兴业、可以远洋巡游、可以开发利用目的地。文章的基本主题是(资金)流动问题。还有很全面的澳洲风险指南:干旱、蝗灾、性格不稳定的土著等。摄像机的全景镜功能拍下的风景"无任何暗光:像监控一般,不论是秘密的、神秘的、麻烦的、内容不良的,皆无处藏身。"莫里斯通过"全景"的方式,展现的是权利形式的变更。"帝国性全景"展示的是帝国的管理者们对自治领的占有的图景;"旅游性全景"则炫耀那些潜在的房地产开发商能占有多大面积的可开发土地。与土地的关系是最根本的关系,它既是作为政治——经济权力的对拓关系的中心,也是作为形成于该权力下之对拓文化生活的中心。

这并非言过其实。我们比较一下莫里斯嬉笑怒骂的文字和她《金融评论》的文章:"听起来有点冷酷或刻薄,但毕竟事实就是事实:换成美元,一个日本游客分别相当于10吨小麦,15吨煤,5吨糖,7吨铝,或60吨铁矿石。"换言之,澳大利亚特别依赖于第一和第三产业,依赖矿石的开采和自然诱惑的精彩,即矿石加"旷世"。从汽车到文化理论进口(澳大利亚有什么不是进口的吗?),都必须以采矿和观光为后盾,而两者都未必靠得住。因此才有了莫里斯鞭辟入里的文字,以及她对旅游的情有独钟。游客的眼光就扮演了原初的"全方位监狱"的角色。莫里斯的叙述中选用了许多不同时代和不同地区的游客自拍的观光照片。

既然是一篇关于文化的文章,这些内容是不是看起来有点不着边际?按照学术分工文化应该更独立于经济,但笔者认为,也许只有在一个城市国家,经济与文化、本土与"外地"才可能相对分离。在对拓关系中这种分离是绝不可能的,因为在该关系状态,国家的与国际的总不无龃龉的纠缠在一起,而文化与经济之间虽然有矛盾和危机,却谁都离不开谁。莫里斯从一个作者的角度提出了这种矛盾对立关系问题的答案:使之成为必然。她的文章会游走于国家的与国际的立场与方式之间。这些文章总能准确找到一些权力虚实自现的点,权力造成了话语缺失,而身份认同又危险地悬挂在缺失的权力的边缘。

作为关于对拓的"浅俗理论",莫里斯的《直播澳大利亚》就绕不开主要涉及媒体事件景观的都市理论,尤其是波德里亚和贾米森的理论。正如莫里斯所说,关于双百年纪念的《直播澳大利亚》恰好属于这种类型的作品。批评的距离已经提前消弭了。过去看起来不过是当下的一个"类"而已。似乎一切简单到无需再引入这些修辞比喻手法,并应用于澳洲本土了;也无需再玩"外省——通俗|"与"都市——理论"的对抗游戏了。更简单的办法是引入"大图景理论"来组织和解读当地"景观"对拓性的需要。这样看起来也特别符合"新殖民"理论对事物的安排。

莫里斯在交代了外来理论与当地事件的相关性,表明自己谙熟通过镜头阐释当地事件的相关理论与行为之后,就更换了角色,同时修改规则。因为地方事件完全符合中心理论,其关联性就得以确立并合法化。在确立地方事件与理论的关系中处于"次要"的、对拓极之后,莫里斯于是确立了一种关系，开始构建一种可以反向作用的，从对拓点回归的理论上的矢量。

鉴于对拓端并非一个固定的场所，而只是某种关系的一个结点，莫里斯于是把波德里亚和贾米森的相关理论、"后现代理论"，转变成其写作批评所指的对拓目标。和波德里亚大量使用让人目眩的偶术语的反转修辞不同，莫里斯这次"反转"却是非对偶性的。在让·弗朗索瓦·利奥塔特别倾心的古典修辞传统中，反转手法是通过暂时增强偶术语中弱的一方，"使弱项显得更强"，以便足以与强项匹配。究竟可以对理论的矢量进行何种程度的反转，最终不是取决于个人主观意愿，而是由制度性权力来决定，但我们至少可以选择一个言说的轨道，通过寻找传输中的缺口，反其道而行之。

因此，莫里斯认为《直播澳大利亚》引发了某种并非只有"高深理论"独有的批评的困境。"高深理论"和《直播澳大利亚》一样，都表现出某种难解的复杂性。两者的共同问题都是如何理解交际话语，而不仅是文本，以及如何理解由话语开启的，由话语、地点和矢量等构建起来的复杂的制度性矩阵。莫里斯提出的观点是：

> 在和不明真相的观众进行交流过程中，找不出任何所谓单一"来源"来解读这个世界。那些关于如今各种标准（在审美、质量、现实意义，或批评距离度等方面）丧失殆尽之类抱怨，正是这一过程的副作用。并非审美标准得不到阐述，或者历史现实不被坚持，或批评的距离难以保持（批评家们从未放弃这些）。而是难以确保有"一个"愿意巩固结果，或能被结果"动员"起来的公众。

对这种缺乏共同的叙述、中心性权威、时间与地点上的统一性的体验，莫里斯有明确的认识。她认为这种体验既是对拓性的，也是一种后现代体验。不同流派的批判理论对此体验都做出了反应。他们深入思考文本之于主体的关系，努力探寻问题的关键所在。且这种体验在澳大利亚独具特色："如果说现在女权主义文章已经形成了开篇必问言说者所处的地点，那么澳大利亚人写的文章早就习惯于开篇必点明文章言说的地点。"跨越时空的感知矢量的不断扩散,使得对文本性的问题的(描述为有问题的地点关系)体验变得越来越普遍。都市话语(包括"高深理论"与"浅俗理论")在遭遇这种"他者"关系的不断扩散问题时,总存在信息缺失现象或干脆保持缄默。正是鉴于此类信息传递中断的情况的发生,空间才在对拓理论中赢得一席之地。

每个矢量都会制造出一种新的对拓端。随着矢量被制造与被毁灭的量与速度不断提升,差异的专制性也随之扩散。不仅不断会有新的对拓端被创造或被抵达,它们的承诺兑现的更快,危险也发生更迅捷,所以它们也消失的更快。"他者"来去匆匆。过去帝国战略与其对拓端的各种相互关系,尤其是不平等的对话关系,促进了社会的形成和交往,现在都消失在各种"线路"里了:有好的、差的、交叉的、并列的等等。显然,我们真的失去了什么,于是就有了一种怀旧理论,有了后现代流行的对理论的怀念。当然,我们也有了新的可能性。莫里斯选择的是对这些可能性做出回应。话语的帝国模式对其对拓者来说一无是处。因此哀悼也好,怀念也好,都是处于中心者的心态;而对处于末端的一方,是该庆祝的事。

在对拓性体验中,所有的权威要么因为距离太近而太肤浅,要么因为距离太远而太模糊,反正权威的作用微不足道。你可以膜拜帝国的权力,也可以对它嗤之以鼻,都是因为距离太遥远。在莫里斯的许多文章里,都有对从对拓远端看到的权力的困境,进行这种兼有调侃和自省的双重解读。在她的文本中,针对对拓性的对身份认同的偏执狂态度,经常采用反讽手法处理。她的文章表现出对对拓性的关注,但并非因为她是澳大利亚作家。莫里斯文章中的对拓性主要体现在她的视角上,即在任何一个矢量方程式里,她总是站在小项的角度书写。她似乎是用第一人称写作,语调亲切甚至亲昵,但用第一人称显然主要是文章修辞手段的需要。她的文章特别着重于发现语言除了"表现权威",也就是保罗·卡特所说的"帝国性书写"之外,其他新的功能空间。

莫里斯绝不把自己定位成一个"了不起"的"他者",一个遭排斥、被压迫、无人爱、没知识的,对主人话语深恶痛绝的"他者"。她是位精于书写策略的作家。她的多数文章都基于一个假设性前提:在统治性话语之内，总有大量可能随意打开的话语通道。当然并非所有话语通道都可行或有效。这不是在兜售自由多元主义，或善意的文化多元主义。正如贾桑·哈吉所示，这一举动意在重置某种特权。那些过去代表旧文化秩序的同质性规范的人此时改弦易辙，开始代言新的异质性文化秩序。原来处于边缘的在新秩序中找到了自己的位置，而那些原先的主角们也在为新规则摇旗呐喊。

譬如，莫里斯发现，在讨论身份认同问题时，女性主义和对拓性的写作契合点是都反对一种美国的身份认同观：

> 对许多澳大利亚人而言，"身份认同"概念和美国人的"自我"概念意义，蕴含着神圣之意。在女性主义话语中，它具有类似功能，既指一个值得寻求的目标，也指一个需要细察的地方。但"身份认同"更重要的是其社会性含义而不是心理层面的，使人更多联想到性别、阶级、种族、地位等方面的秘密，而不是自我或个人的秘密。"身份认同"是一种凝聚力。然而"身份认同"有其虚构性，在谈论"身份认同"时，可能是在枉费心机（并非徒劳无功）地搭建空中楼阁。

莫里斯并设置了一些产生对拓性结构的路径：帝国的美国对边缘的美国；男性主义对女性主义。她提出并试图解决的问题是：这些对拓性结构如何相交的？位于对拓关系中对拓端点的对拓体验和对拓身份认同，如何被对拓关系中其他差异点突然侵入。鉴于当下多种话语形式经常相交，因此没有一种言说的"立场"，但存在不同的言说路径。

在讨论女性主义电影理论中"女性观众理论"时，莫里斯提出，"女性观众"概念在讨论"男性注视"的"霸权"概念时非常有用，具有方法论意义。"在这些背景中，'女性'一词具有辩证力，但并没有'本质主义'意义。"因此，"女性观众"概念与"男性注视"相交汇，并"打断""男性注视"——"女性人体线条"式思维。既然能够打断"男性注视"，"女性观众"概念可以用来勾画一个新线条，一个新对拓端——女性电影文本。文章至此，莫里斯临时性的跨出一步，打断新的"女性观众"——"女性主义电影"路径。她解释"女性观众"概念：

对这个概念我还有两方面不太确定：一是会不会把"女性观众"概念当做"女性电影"概念的一种表达策略。很难说清楚我为何会有这方面担心，这反而使我更感兴趣。部分原因是它经常出现的背景中的美国元素。这些往往带有个人感情成分的美国元素，只要表现出哪怕微不足道的对"女性"一词的价值规定（无论多么抽象或假设性），都会令我深感不安。"深感不安"一词似乎有些言过其实，它倒更接近于一种我在听到美国女性主义话语中的"自我"（或"个人空间"之类的财产）时，觉得有点好笑的感觉。我很确定自己没有，而且也不想得到这类财产。

"女性观众"概念还有另一个让莫里斯感到不确定的问题：这是沿着另一个完全不同轴线的一次不同的"打断"。比如，在约翰·非斯科的著作中，"女性观众"专指那些特别痴迷于一些类型的电视节目，如"肥皂剧"之类的群体。而莫里斯会打断从"女性观众"到"女性主义电影"的运动轨迹，指出其中隐含太多"美国元素"的统治性。她还要打断另外一条从"女性观众"到"痴迷"的言说路径：女性是某些特定终端影视产品的痴迷消费群体，不过是一些男性的主观臆断。因此每一个言说路径都包含有许多相邻的点，它们都起始于相同的客体或主体，但又可以通过一些手段加以区分。

她所有文章都设置一些"点"。文章的代言人，通常是文本中的"我"，以"点"为根据地，巧妙地从一个"滩头阵地"转移到另一个"滩头阵地"。实际上，有时候整个文本都在为这些"转移"做铺垫。在其一次带有明显"政治"味道的会议上宣读的文章"如今政治"里，莫里斯把自己定位成一个"小资产阶级知识分子"的角色，文章通过比对工人阶级斗争性和角色人物的软弱性，表达了对"小资产阶级知识分子"的同情。当然，文章也论述角色人物与统治阶级的差异所在。她从一个对拓端之对拓端在言说。一个对拓端总是相对于一个有权势的矢量的存在而存在，在拥有话语权的"点"不断增多的同时，那么被定位于另一极的对拓点也相应增加。结果形成窗格状交集与叠加，产生流动的对拓策略，至少在理论上如此。

这种"小资产阶级"人物有了使人耳目一新的感觉。它充分利用各种理论运行轨道的震荡所带来的模糊地带。既算不上"特权"阶级，也不是特别"普通"，没有足够的权力对文化空间及其中技术手段实现战略性控制，但它能做到"左右逢源"。用米歇尔·德塞都的话说，在一些小事上当先锋。莫里斯的随笔风格，属于德塞都所发现的在学科权力空间内部存在的娴熟的手法，极巧妙的与学科风格实现对接。莫里斯对德塞都解读是激进的，因为其细致入微的策略方式不仅是学科研究的目标，而且也是学科研究的方法。

像罗斯·吉布森对"疯狂的麦克斯"系列电影的解读一样，这是一个"新的开端"，因为它并不物化任何矢量。它并非仅专注于澳大利亚的空间对拓性，或女性视角的性别对拓性，或者小资产阶级的阶级对拓性。当然也不会把这些放在一起做成杂烩汤。作者巧妙的从一个文化轨道转入另一个轨道。像"疯狂的麦克斯"巧妙的融合了古老电影元素和澳洲沙漠神话一样，莫里斯穿行于学术话语的碎片与瓦砾之间。两者都运用了"运动"、快乐回旋等策略，是对媒体矢量的扩散及影响的反应。

从历史发展来看，这种反应起因于矢量的发展。矢量的发展改变了澳大利亚与其过去统治极，即其"母国"间的距离，结束了"距离的暴政"。与过去新国家的形成时与其源民族俄狄浦斯式的分离不同，1970和1980年代的矢量的扩散要求对进出该地的所有跨国路线进行探索。莫里斯构建了言说轨道来代替过去的言说立场：文本中的"我"巧妙地游走于文本构建出各条线路上，而正是大量的矢量在相同的场地上编织出的文本之网。

这些带给我们"直播澳大利亚"、"海湾战争"、"天安门广场事件"的媒体矢量告诉我们，对拓点与其另一极的通过矢量的瞬间联接时代在20世纪末就已经来临。在电视的主导矢量地位被取代之前，对拓极之间不稳定表现在电视上，每夜都在上演。如果文化认同对外界影响近乎偏执的反应进行调节的喘息空间都缩成了电视编辑时间，文化认同本身又会怎么样呢？如果没有了共同的准则和规范，意义又如何表达呢？我认为只能从对拓极那里去寻找答案。从对拓性角度出发，莫里斯交给我们一种使用"他者"语法进行书写的方法。不能只保持沉默、愤愤不平、坚持偏执态度，或者墨守成规，因为没有什么是固定不变的，这是一个"移动"的时代。因此要采用新的探索模式和新的书写方式。

如果说莫里斯的写作风格上有什么不足的话，肯定不在其精心把玩的"言说轨道"上，倒可能在其习惯性的回避这些"言说轨道"的物质性问题。譬如我们所讨论的"小资产阶级"属于什么类型(假定为)？都以什么职业为生？与界定其他资产阶级类型的关键因素——财产，是什么关系？下文还要讨论这个问题。还有一类问题值得探讨：除民族文化的抽象空间外，那么该如何对待更具体的城市空间问题呢？比如跨越时空的感知技术依托的具体建筑空间等？我从另一位有特点的"浅俗理论"倡导者保罗·维利里奥的写作中找到一种方法。尽管他的写作质量参差不齐，但针对"第三自然界"时代，其文章对一个句子究竟该怎么写，又有何功用进行了有益的尝试。

写于澳大利亚悉尼

5. 巡游维利里奥的"过度暴露的城市"

迅捷的城市就是成功的城市。

对勒·柯布西耶而言,这样的城市主要是能够合理的利用空间。他对汽车造成的城市混乱也特别耿耿于怀:

> 来到华灯初上时的香榭丽舍大街,你会感觉到世界突然变得疯狂起来……交通一天比一天壅塞。从迈出家门的那一刻起,你就可能变成装扮成无数汽车模样的死神的战利品。时光倒流20年,在我们的学生时代,大街还属于我们。

可怜的柯布!一个在巴黎大街行走时不喜欢转弯的人,岂不是等着交通事故光顾啊。想象一下他被一辆水泥搅拌车碾过的惨状吧!

在《明日之城》中,柯布西耶提出了在现代交通和产业条件下,如何重新组织城市空间的构想。空间的合理组织就能够节约时间:"商业样板城市!"作者在此显然暗指在城市空间内,可能存在妨碍空间合理化的因素。在柯布西耶《明日之城》的摩天大楼里汇集的除了工作人员,还有那些"用于消除时间与空间屏障的各种工具"——电话,各种有线或无线设备。

柯布西耶对基于新的空间秩序的现代城市的未来是乐观的。而保罗·维利里奥态度截然不同。他认为正是这些"用于消除时间与空间屏障"的技术导致现代城市的无组织状态。这些技术带来了一种新型的更精细的时间秩序,却打乱了旧的城市空间秩序。节省时间的同时破坏了城市的空间。这就是维利里奥的"过度暴露的城市"之说。

也许维利里奥只是偶然说出了更多人对于现代城市的观感,而且这些人恰好就长期"暴露"于这种城市,了解它复杂交集的历史。毫无疑问,维利里奥的文章风格和强烈的节奏感,恰恰是他长期与城市之间的关系所造成的。这种城市可称作"速度之城"。维利里奥的写作倾向可以说是点到为止。矢量形象一现身姿,他就转身离去,踏上一段新的旅程。

"矢量"是维利里奥书写的一个关键词。它所描述的技术是维利里奥最感兴趣的部分。因此他写作风格上也尽量体现这方面特点。"矢量"一词源于几何学,指一个具有固定长度和方向但没有固定位置的线段。维利里奥用"矢量"一词泛指任何一种运行轨道,物体、信息、甚至导弹都能沿着这种轨迹运行。"矢量"是潜在的"运行轨道",或者是暗藏的危险。维利里奥所指的"矢量"就是"力量",是一种超越结构喻指含义的终极力量,甚至书写本身都需要不断想法适应它的变化。

如果说典型的后现代思维就是质疑把主体视为蕴涵"内在性"与意识的模式的话,那么维利里奥质疑的是把建筑结构视为蕴涵"内在性"、"有限的空间"的观念。他甚至直接质疑"界线"概念。他指出"界线的表面不断地被改变着,"尤其是被那些可以穿越物质障碍的跨越时空的感知"矢量"所改变:"城市里的墙壁被打开了无数的缺口,那些障碍物的表层都变成了渗透膜或吸墨纸。"

从封闭作用或结构的角度来看,城市展现出静态的、纪念碑式的特征。看看那些熟悉的城市的典型代表:城市地图、规划、高层建筑等等。我们会想到各种建筑元素共时性的结合在一起,进行空间上的安排。但若从那些缺口处来看,城市就呈现出完全不同的一面。我们想到的不是城市那些空间上离散分布的实体,而是那些关联的路径、回路、频率、"断裂处"。

维利里奥文章的精彩之处是他恢复了重视城市的时间因素,其实早该如此。建筑师德·索拉·米拉雷斯曾把城市性比作舞蹈,因为两者都特别需要协调空间与时间的关系,最理想的状态是达到亚里斯多德提出的统一性。维利里奥认为现代城市规划中建筑设计领域存在重空间的倾向,柯布西耶就是一例。

米拉雷斯曾希望能调整两者之间的不平衡,而维利里奥展示的是"技术时间"彻底破坏了城市的空间之舞,甚至毁了全部城市之美学。建筑空间遭到了技术时间的大举入侵。维利里奥认为现代建筑学的悲剧在于,其通过几何设计实现功能上时间与空间的统一已经与大众通讯的结构能力产生公开的对抗。

过去城市建筑在空间上有清晰的界限,相互独立,现在却被具有半渗透性的渗透膜给联接起来了,信息以不同的方式流过这些渗透膜。维利里奥认为现在界限的空间差异已经部分为信息通过网络穿越城市的频率之时间差异所取代。重重叠加于墙壁、建筑物、街道之上的是其他各种差异:一次通话的开始或结束;两个数据库之间跨越整个城市在交换数据;某电视台的晚间新闻编导把观众从安哥拉带到了阿富汗。这是一个"时间变换的蒙太奇,它们不仅是各种权力的产品,也是操控时间的各种技术的产品。"交织于城市建筑物表面的是"建筑织物"。空间的建筑技术不断地被信息时间的"建筑电子技术"所交集、穿越。

这种对信息跨时空编辑或者称作信息的时间蒙太奇技术已经取代了空间的界限和空间形式,不仅是当代建筑学,也是后现代建筑风格的一种激进批评范式。维利里奥认为后现代主义中诉诸历史的方法是错误的:不应该从错误的历史观中寻找答案,而要紧紧把握当代技术性时间对现代城市的影响。

当年城邦的建立带来了广场集会、辩论等政治秀,今天广场只剩下阴极射线管的大屏幕和日益消弱的社会生活在上面留下的绰绰影像。正如罗伯特·温杜里所言,今天美国人根本不需要广场,都待在家里看电视就行了。不过温杜里还是尽量寻找乐观的一面:"我们今天所面临的最迫切的技术问题,是如何把先进的科技体系与我们并不完善的、剥削性的人类组织体系更人性化的衔接起来。"

维利里奥对后现代主义的批评远超越了温杜里的"学习拉斯维加斯!"。维利里奥更希望我们看斯科塞斯导演的电影"赌城",而不是拉斯维加斯本身,从中学习"地点"或"时间"概念:"好莱坞比温杜里的拉斯维加斯更适合用来学习现代城市建设问题，"因为"好莱坞充分综合利用现代技术创造出了时间与空间结合的典范。这里是电影的去现实化，乔装起来的产业区之圣地。"

维利里奥把城市说成一个装满了各种速度的变速箱，一个等级制的速度王国，像一个视频播放界面：可进行播放、快进、快退、慢放等控制。有些城市速度几乎不存在了，比如气动导管的速度或民主的速度等。有些速度则充满活力，甚至在制造着城市空间以外的物品。比如被维利里奥称作"媒主"城市速度。在"媒主"状态下，"矢量"成为超社会的一种权力。速度问题也不再只是个供作家、艺术家、建筑师们玩味、遐思的抽象问题。速度问题现在已经是艺术创作或书写的组成部分。速度不仅追赶上了，并在超越作家、艺术家们。

马里内蒂说他最早接受未来主义技术精神的洗礼来自一次阴沟里翻车。为了排遣一下他们欧洲颓废、无聊的小资产阶级生活，他跟一帮好友在深夜的大街上玩起了飙车。马里内蒂在烂泥里打转时，可能并没有完全理解巴拉德所说的"性欲与技术噩梦般的结合"，不过差的并不远了。"昨天时间与空间都寿终正寝了。"这是他走出泥潭后说的一句话。"我们已经生活在一种绝对状态，因为我创造出了永恒且同时无所不在的速度。"

维利里奥文章中总结了马里内蒂"政治景象中的速度，"包括他在哲学批判的层面上率先探讨"瞬变现象"。维利里奥指出马里内蒂反对那些以道德为借口，回避权力的现实问题的话语。维利里奥还借用了马里内蒂的矛戳他自己的盾。"每一种技术都会制造、激发、或者设计出一个具体的事故。"维利里奥略带悲观的语调对高调乐观的未来主义者而言是相当陌生的。

强调事故是应用理性的意料之外的结果，倒不失为"传媒考古学"的一个不错的起点。传统的科学技术研究倾向于追溯起源（历史方法），从物化的技术产品，到有意识的寻求政治与商业利益。技术的荒唐之处就在于其非理性特征。因此维利里奥给博物馆出的主意是："每一种技术和科学发现都应该选出一个典型的事故，把它定位为一种产品，并作为产品进行技术上和认识论层面的研究。"

位于澳大利亚悉尼的"动力博物馆"恰好是这么做的,不过是完全出于意外。博物馆的原始建筑是一家19世纪建造的哥特风格的电厂。这座砖结构的教堂式建筑收藏着澳大利亚制造业黄金时代的产品,后来扩建的寺庙风格建筑迎合当今时尚产业:旅游业。它完全符合阿尔多·罗西的观点:经典建筑可以长期保持形式不变,而功能却随着历史的脚步与技术的发展而来去匆匆。建筑的形式比它当初用来纪念的历史或保藏技术都更经得起风吹雨打。

维利里奥和罗西都是影迷。他们当然都会欣赏"疯狂麦克斯"的最后一幕所选的拍摄现场,正是修复前的"动力博物馆"的已经损毁的贝壳形状房顶。在电影里此处是一个承载着启示录希望的废弃教堂。因此该建筑是一个许多事故和碰撞发生的交汇场所:形式与功能、新老产业、颓败与破坏性重建等。这是一个损毁的纪念碑:它记载的是一个"矢量"在发展进程中,会在时间里偏离,发生中断。

鉴于批判性写作行为本身就发生在一个"过度暴露的城市"中,就在事故现场的标志牌下面,或者正位于一个"矢量"飞行路线的下方,那么写作又当以何种形式和速度进行才妥当呢?这也许是个不该马上回答的问题。"有时候提出新问题比提供现成的答案更有用。"或者可以从使用计时器开始,捕捉住一个"矢量"经过时在我们感觉中枢留下的瞬时的印象。

读者对维利里奥著作的接受情况可以说是一个特别矛盾的现象:他不仅是个保守,甚至被认为反动的思想家,但他的拥趸中不乏思想先进的艺术家和作家。他把自己厌恶的事情描写的如此精彩以至于喜欢这些事情的人也不得不佩服,甚至为己所用。比如,他是明确的置身于当时的左派潮流之外的。1968年的那个五月他一个人待在实验室里做非直角建筑学实验。很显然他是不赞成一些马克思主义理论的。

不过还是有可能,而且有意义,把维利里奥的"矢量"和一种更接近于马克思主义的关于这些抽象的关系是如何成为经济力量积累的基础的观点相结合。在稍后的一篇文章里,我将把主要精力从保罗·维利里奥转移到保洛·维尔诺,以及他对"群众"范畴的认识,为稍后的关于从维利里奥的"反动的死胡同"中走出的第三自然界方面的内容作铺垫。"群众"概念本身就存在问题,稍后我将更详细的分析"矢量"是如何以一种独特的方式思考"阶级"问题的,尤其是我们这些属于"小资产阶级"的作家群体。借用的话题是莫里斯觉得特别有助于思考远程感知问题的行业:旅游业。

写于澳大利亚悉尼

6. "'流民'建筑电子学"

在澳洲北领地的"卡卡嘟国家公园"内,有一家鳄鱼造型的宾馆。淡季时每天169澳元。鳄鱼造型也许代表着游客希望前往体验的任何物品。这里有诺兰吉和乌比尔岩石艺术馆,还有著名黄水潭及其上方的砂砾岩断崖等景点。总之,这里汇集了几乎所有过去称作"异国风情"的景观,既有动植物的,也有矿物的。

正是"异国风情"在召唤着我们从异地前来。它首先是空间概念。因为建筑学离总不开空间设计,所以在建筑设计,尤其是旅游建筑设计中,"异国风情"就是"老生常谈"的概念了。但问题出现了。其实所谓"异国风情",其本身并不能独立存在。并没有真正"异国",我们整个星球所有空间都在"第三自然界"之内。一切都是"内部的",探索的空间已经关闭了。

这并不是什么新构想。但如果要更进一步探讨该问题的话,得作反向思考才行,还要考虑它究竟会给建筑设计造成什么后果。会不会因为"异国"不存在了,建筑学也就寿终正寝了呢?如果没有一个"他处",一个建筑物所依存的"极",还有建筑学吗?也许真没有了。与其说贾古诸的鳄鱼宾馆是异国情调建筑的象征,倒不如说它标志着传统建筑学的结束,一种新型建筑方式的开始。

人们想到建筑学,总习惯于想到建筑的历史,是不同风格的建筑的继承和延续。也可以说它是不间断的被建造起来的空间与时间之间的关系。这种对建筑学的历史意识并非欧洲人才有。各种后殖民建筑也坚持自己的建筑形式,对新的、现代建筑历史的开始也有所贡献。平行于欧洲建筑的历史时代,他们构建自己的不同的历史形式。

除了不遗余力地试图改变自己的"异域"地位,后殖民建筑还有什么呢?它始于"异域"风格,后来又以被归属为"边缘性"建筑为主要形式。它在争取新的"中心性"。从此开始,"异国情调"就渐渐地消失了——在"建筑学"沉重使命的压力下。如此难以"与时俱进"的"异国情调"建筑空间,就被"历史时间"的扩散给取代了。

对"异国情调"的追逐却愈演愈烈,越过后殖民现代化的前沿,走进非城市化世界。正是千方百计追逐"异国情调"的过程本身让"异国"失去了情调。一旦这种地方被发现,随之被在地图上标出,然后是交通、通讯、基础设施建设跟进,它与"非异域"世界就连起来了,"奇异"之处也就渐渐丧失了。在这些地方后来建起来的就被称作"建筑"。当然这些建筑会吸收一些"异域"的细节或特征,但结果是把它们融合进自己的建筑实践中了。

只有在建筑成为纯粹的、即时的奇异之作才可能产生"异国情调"。它无需受"意义"的羁绊。这一点正是其魅力之所在。它所带来的快乐甚至危险的体验,可能都在于它触及了"真实"。建筑学在与"异域情调"联系、发展过程中,必然将其纳入自身的"意义之链"。当然,如此依然能建造出不同寻常的建筑来。并不是所有宾馆都建成巨大的鳄鱼形状,客人从它张开的嘴巴进入,在上下牙齿之间购票。但这已经不再是真正的"异国情调",只是不同寻常而已。建筑设计把"异国"元素融入自己的象征意义秩序中来,从而剔除了真正"异"的元素。

今天建筑学和"异国情调",这一对患难相依的"两极",有了共同的敌人——跨越时空的感知技术。它同时在剥夺建筑学"历史的空间"和"异国情调"的非时间限定的空间。自从电报通过"流"夺取了人与物通过"运动"进行信息传递功能以来,建筑学就终结了。人类星球上最后的建筑形式是电报大楼的建造——其中有些结构非常漂亮,但它们已经成为建筑学的纪念堂了。

正是电报、电话、电视这些远距离信息传送手段,或者叫做"通讯矢量",促使核心与边缘更多的接触,当然后者代价更大。电报开启了真正意义的全球化进程。所有的空间都有可能成为"通讯空间",都属于内部空间。历史空间与"异域"空间近在咫尺。前者支配着后者,而后者不断变换着装扮，不断渗透；它放弃了自己纯粹"他者"身份，成为别人装点门面的招牌。

电报还标志着旅游时代的开始。没有电报就没有旅游业，只有旅行。在电报的协助和煽动之下，旅游业变成了"异国风情"的杀手。当然，文化项目都畏惧旅游活动。游客们还自以为是"行者"呢，其实现在只有不同类型的观光客而已。真正的行者是四海为家的人，只有无以为家的人出发时从不考虑目的地。

过去旅游的真正意义所在是体验一种家以外的感觉，因为普通人永远都难以摆脱家牵绊。因此旅游建筑应该是反规范性的；它们不为世俗世界所认可，是充满奇幻和炫目的景观。

通过旅游，人可以安全地稍稍迈出家园几步，暂时脱离一个封闭空间的束缚。一群人可以进入其他人群的异样的世界，至少是一幅不同的画面，即便是故意而为之。偶尔通过旅游还能维持一群人极其"他者"之间的关系。

然而现在是"运动"已成为"规范"的时代。所以界定家园的边界有许多缺口，变得模糊起来。过去一个民族的生存空间是相对封闭的，边界之外是一个其他民族。但如今我们似乎生活在很多流民之中，成为一个异质的连续体，总是难以确定一个民族与其家园的身份认同关系。这种"流民"运动日益频繁，少数出于个人选择，更多不是。

影片"美丽坏东西"对"流民性"现象作出了非常生动的诠释：有人在伦敦一家宾馆的抽水马桶里发现一颗人的心脏，警方找到了宾馆的夜班看门和清洁工协助调查。经过抽丝剥茧式的调查，从不同房客到宾馆员工，到最后的嫌疑人，竟然都是"流民"背景。

从民族向"流民"悄悄演变的一个明显的标志是过去的"旅游建筑"现在变成了普通的"规范"建筑。现在所有建筑都成了"旅游建筑"：宾馆都像公寓楼，公寓楼也像宾馆；购物中心到处点缀异国风情的标志；原先异国风情的场所现在成了购物中心。到处都是人满为患，不堪重负。

如果要进一步了解这种候机楼建筑现象，不妨参读一下保罗·维尔诺的《流民时代的语法》。书中对"单一民族"与"流民"时代的特征做过很清晰的表述。书中把霍布斯的心甘情愿享有国家疆界的保护的"人民"与斯宾诺莎的拒绝任何形式的统一性,也不愿受制于疆界的"流民"作了鲜明的对比。

这种"流民"现象是一些符合霍布斯式国家功能某些方面的当代国家担心和压制。其主要具体表现包括势不可当的"移民流"、"船民"、"跨国移民"等现象,他们几乎是无孔不入,想方设法穿越边境线。过境后移入国发现他总会制造麻烦。德赛都在谈到"日常生活之计"时提到过这类人,他们总在想方设法逃避监视和控制。

按照自由主义思想,这种诡异的、扩散着差异的"流民"现象应归属于"私人领域"的问题。全体公民的公共方面是普遍特性,是有助于国家统一性的。"私人领域"只是公共领域的残余部分。如果差异仅存在于私人领域就无需多虑。但是正如通讯技术消除了普通建筑与"异国风情"之间的差异,它同样可以填补公共与私人领域之间的鸿沟。

公共与私人空间的区别可以轻易地消除,最明白不过的例子就是这些"流民"们通过手机进行联系、组织的方式。你总能看到他们在眉飞色舞打着电话,旁若无人地聊着任何话题,可以聊痔疮甚至阳痿,没人管得着。有了移动电话,他们找到了创造属于自己的空间——"移动空间"的工具。他们强行把差异"插入"公共空间,并不想把那些隐私都留给自己。

"流民"不愿接受那些现有的国家或民族的统一性。他们更喜欢溜过界线,建立属于自己的开放性的"整体性",哪怕只是一次性的。难怪一些国家都开始为此担心。海关安全检查可谓"无微不至"了,这也成为海关这个国家安全工具常见的病症:因为一旦"流民""流动"起来,海关总是形同虚设。而国家又日益依赖于这些安全检查。

他们还拒绝把"公共"的与"私人"的区分开,对"工作"与"休闲"也无所谓。他们的工作更多的与"代码"和"链接"打交道。不仅那些专门从事"符号"生意的,被称作"认知阶级"者如此,还有稍差的"跨国移民"们也如此。他们不停地从一个呆不下去的国家逃往另一个国家。他们最大的本钱就是遍布于各地,甚至跨大陆的亲戚关系或其他社会关系。

因此新的转送工作就可能涉及不同阶级和完全不同的舒适程度。你可能是坐在泳池旁边,品着"椰林飘香"酒,也可能被困在不见天日的非法移民羁押中心。但使命惊人的相似:手里拿着水笔,通过武力或智力,伺机抓获那些蠢蠢欲动,绝不愿困守一地的"流民"。

"流民"拒绝接受任何把他们的存在方式,如工作于与休闲,公共与私人等,强行分割的行为。他们也不接受任何把其兴趣或时间囿于一地的做法。维尔诺认为,"这些'流民'们的共同之处是,他们都失去了对'家'的感觉。"正如"四人帮"组合的一首老歌里唱的"在家乡他有漂泊的感觉",而漂泊让他们感觉才真正回了家。

"流民"感觉最好的时候,是在他们获得建立他们自己心仪的生活空间所必须的工具和技术之后。他们的建筑物是"无线热点"、出售预存话费手机卡的街头小店、有互联网接入的自助洗衣店、能看到过期母语报纸的咖啡厅。只要"流民"在活动,在他们"流"过你身旁时,你总能从他们身上捕捉到一些有价值的东西。

马克思在《资本论》中论述殖民劳动问题时,已经发现了流动的"流民":"因此,只要劳动者还能够为自己积累——前提是只要他还拥有生产工具——资本主义积累和资本主义的生产方式就不可能实现"。只要劳动者还能找到一条逃生的路线,只要还有办法实现自身价值,他就不会完全屈从于资本。在旧世界,一部分新兴的工人阶级拼命工作、创立工会和政党,把自由主义国家变成社会主义国家。还有一部分人义无反顾地来到了新大陆,他们也许会在工厂里干一阵,但真正渴望的是再度启程,总希望有好运气,或许真的会开家酒吧。他们总是逃避做某一特定国民,心甘情愿做"流民"。

时至今日,"流民"所建造或重建的房子都毫无质量可言。与国与民,建筑学都终结了。到美国东北部的任何一个老工业城镇看看吧:你会发现沿街房子的门窗大都用木板钉起来了,警所与法庭的建筑隔街相望,夹杂着三两个律师事务所,周围空空如也。好像所有人去了别的地方。

也许这些"流民"正泊车在一个拖车公园,或者住在附近某处的郊区——反正这些建筑师们讨厌的东西,能带给人一种纯粹的万物无常的感觉。他们并非都不把安居和财产当回事,只是想放弃具有教化功能的资本,尝试一下另一种生活:比资本更野性的生活。忘记埃米纳姆主演的"8英里"那些"温柔的"暴力镜头吧,只需在你的搜索引擎里输入"juggalo"就行了。

现在所有建筑都是临时性的,到处是盒子状的商店,长条状的购物街,商务中心,还有活动房屋的"开发"等等。一茬接一茬,像刀耕火种时代的农业一样。你可以赞成戴维·布鲁克斯的观点,把它称作新型郊区;或者像柯蒂斯·怀特一样,骂它们是庸才们制造出的没有灵魂、没有生机的世界。但人们似乎没有充分理解"流民"们的心机和能力,因为他们根本就不考虑在哪里"定居"。

建筑与通讯其实一直是同一现象的两个方面:建筑是利用空间进行的穿越时间的通讯;通讯是利用时间穿越空间的建筑。两者在我们的时代最主要特点是其优先性颠倒了。经过长期较量,现在通讯占了上风。建筑形式的时间制约性技术现在从属于通讯"矢量"的空间制约性技术。正是这次颠倒,导致了"流民"的崛起。他们利用通讯技术方面的优势,逃离建筑对他们的禁锢和空间上的异化。

如果国家缺乏有效手段使这些"流民"们安定下来,不妨试试资本如何。也许当今社会的统治阶级已不再只是资产阶级。工厂和车间现在大多在不发达国家。生产工具的主人日益从属于专利权、商标权、版权,这些"知识产权"(它们统治着所有生产)的主人。随着过度发达世界的"空心化",工人阶级被扔进了废纸篓,新统治阶级无需再为他们的医疗或三餐费心。"福利改革"迈出了国家放弃对其人民之责任的第一步,既然人民无需固定于某地,也不需要作为一整个工人阶级进行管理。

如今统治阶级也不再特别关心"生命政治学"。它不需要再负责维持一些人群的体质,以确保工厂的劳动力来源或军队的兵源。军队事物发生了革命性的变化,无人机取代了步兵。即便需要的时候,可以招募雇佣军。一个地区的劳动力资源枯竭了,统治阶级总有办法从别处获取。在亚历克斯·里维拉的导演的影片"睡眠经销商"中,来自南方的工人在北方建筑工地操控着遥感机器人盖楼房，或在北方的农场种地。而来自北方的飞行员在南方向那些从他们村庄附近的私人水源地"偷水"的村民扫射。叙述上的南北方对称恰恰反映了它们权力上的不对称。

新统治阶级一方面放弃对工人阶级的责任，给了他们任意漂泊成为"国际游戏客"的自由，另一方面又特别在意这些人的价值，即让·鲍德里亚所说的"符号价值"。新统治阶级需要利用"国际游戏客"无休止的生产力不断创造出充满欲望的形象和语言，然后捕捉、利用它们，为那些来产自欠发达世界，用旧资本主义生产方式制造出来的产品做包装，以招徕消费者。

整个过度发展世界现在成了一个新型工厂，生产"价值的符号"和"符号性价值"。无论是纽约、伦敦、巴黎还是洛杉矶，都成了制作艺术品、影视、时装、文学或哲学的车间。每个地方都吸引着新型游客，他们为了欣赏产品而选择在这里工作。成千上万的人纷至沓来，希望成为模特或办公室职员。城市的整个街区都变成了宾馆，只是租期按月或按年，而不是只住一晚。很多只是"实习生"，报酬都没有。

过去那些分离状态：普通建筑与"异国风情"建筑，公共与私人，工作与休闲等等，都因为一个新的发展——远距离信息感知技术而消失了。它们都按自身所需重新组织空间，过去门窗是从属于墙壁的，现在倒了个儿。空间失去了其质量。决定着日常生活的是运动的节奏和关系。

这些并非乌托邦式的构想。一种剥夺者和被剥夺者阶级间的紧张关系依然存在。新型紧张关系的根源就在于"国际流民"阶级的产生，它克服了公共与私人之间、工作与休闲之间的差异，为其"策略的军火库"中注入无休止运动元素。为了夺取未来的斗争现在转移到新的战场，身后留下的建筑成了可爱的牺牲品。与此同时，高高在上的，超越了上层建筑，在只有无人战机能及的形而上的高度，资本开始叛变了。它尽力挣脱物的所有权的束缚，转而垂青对信息的控制。过去那些实物的玩意，统统粉碎成数字比特。

今天沿街走一遭就是一次媒体考古活动，是一次针对作为媒体的建筑废墟，这个穿越时间的"矢量"的观光行。最吸引我们目光的是那些从眼前闪过的碎片。通过事件棱镜我们得以窥见那些匆匆而逝的事物的面孔。

写于纽约州纽约市

7. 全球性事件与无意识的"矢量"

习惯于浏览网络"新闻推送"的人在浏览时必然出现下面的一、两种情况:通常这些新闻内容你大多能事先猜到。新闻也有自己的行规。这类似于你向你的男神/女神祷告。不妨看做习惯之神。所以你总会浏览:股市有升有降;一党驳倒了另一党;今天比赛中张三赢了,李四输了;有人造出了新产品,也有人宣布新的发现;有一只猫被卡在树上下不来了;反正总有现成的故事情节,把新的事实填进去即可。

偶尔也会有另类的新闻发生:有些事件实实在在的发生了,但不符合过去任何新闻类型的模板;或者是符合不止一个模板,而且难以确定哪个更适合。这些新闻发生的场合也不同:有些是当地的,那么确定其真实性以及和模板的吻合与否在当地就能完成。但也有其他情况。有时候特别难以确定这些新闻所属的场合,甚至根本就不属于任何新闻意义上的场合。

一般而言,人们更关心当地新闻。你小区的猫卡在树上了,就能成为新闻。我们一般不会在乎别人的猫怎么了。我们街区的谁出了车祸是条新闻;如果是很远的地方,就得造成重大伤亡的海啸才能引起我们的兴趣。当然这种新闻发生的距离或场合意识也有例外情况。"不适合跑步的健康问题"、"两岁幼童每天抽 40 只香烟,在玩具车上不停地吞云吐雾"。两岁的烟鬼,不管是哪里的,都能上新闻。因为它是足以引起兴趣的反常事件。我们也都看到了,儿童是一类特殊的媒体形象。

还有一类反常态的新闻事件,我把它们称作"全球性事件"。这里有两个完全不同的例子,因为我是纽约人,可以称作"当地事件",而如果对非纽约人则不是。发生在 2011 年的"占领华尔街"就是其中之一。

我们现在称作"9.11事件"的是另一例。我把两个事件放在一起,是为了说明这是超越了善恶的新闻事件。正因为"矢量"开启了这些事件发生的可能性之门,它们就真的发生了。

比如9.11就是个奇特的例子:说他是一个"全球性媒体事件",是因为在事件发生时,几乎没有任何现成的新闻叙述模板可以套用,大量工作投入到寻找适合的叙述模式中来。最能说明问题的是图像。起初我们看到图像类型很多,后来经过不断筛选过滤,图像就渐渐固定放在局限得多的一些类型。比如开始播放的跳楼画面,后来在类型固定后,就全部剪辑掉了。

把它称作"全球性媒体事件",还因为它催生了一个新的世界。如果说它的非全球性,则指它对所有人来说都一样重要。也许在世界上大片大片的地区,那里的人们并不关心纽约市有3000多人遇难了。它和大海啸能相提并论吗?之所以说它是全球性的,因为它让很多人产生了与某一种世界有了联系的感觉,尽管不是所有人都感觉到了这个世界的存在。尽管它只是个体事件,但似乎揭开了一个抽象的、联系着的世界。它是个全球性的事件是因为它导致这个世界的存在;它是个全球性的事件还因为对它无法做出合理的解释(至少短时期内)。事件发生之后,所有的解释都只能算做管中窥豹。

说它是"全球性媒体事件"还在于"媒体"本身,或者更广泛意义上的"矢量",已不再只是整个事件的旁观者。它直接参与事件,成为事件展开过程的组成部分。在"9.11"事件中,劫机者的目标不只是摧毁建筑或伤害其中的人员,它要制造出摧毁一个具有非常丰富意义的地方的图像。

它成为"全球性媒体事件"的另一个原因是它的独特性。首先他不像皇家婚典、奥运会、或年度联合国大会的开幕式之类规划的"景观"。相对于"全球性媒体事件",这类"景观"可以称作"传统全球性媒体仪式"。这类"仪式"总有现成的故事情节,可以不同程度的被严格管控。比如,BBC不允许澳大利亚的讽刺性电视节目"追逐者"播放其2011年英国皇家婚典的视频短片。对这类仪式的可接受的解释空间有限,至少官方事先会做出限定。

相反，一个"全球性媒体事件"总是在无任何事先防备的情况下不期而至，手头没有现成的故事模板可用。哪怕只是短时间内，新闻媒体在厘清事件来龙去脉之前，不得不播放一些可能造成麻烦的影像，对事件的前因后果只能做一些推断性的解释。"全球性媒体事件"总有出乎意料的发展。在事件发生的过程中，必须构建出新的叙事轨道，以适应事件的新奇性。但就在事件发生过程中，这种"全球性媒体事件"已经宣布了一个尚未稳定的、难以言表的世界的诞生。一时间我们都瞠目结舌，被这个无法解释的事件惊呆了。

阿多诺说得好："如果想不为他者的权力或为我们自己的无力而震惊和惶恐，几乎是无法完成的任务。"如何不被一个事件震惊呢，一个甚至都不知道究竟是谁有权力对谁做出这种行为的事件？所谓做好准备，就是一旦事件发生，不至于只能遭受那些影像资料的闪电袭击，或者只有等待使人感觉像五雷轰顶般的解释。要看到事件的远景，发现它的真相。在事件发生的时候，能判断出事件发生所需的空间。至少可以大概了解参与事件策划和所涉及物流"矢量"的组织网络，这是事件发生所依赖的空间。我们要寻找一种抽象的叙事架构，不仅能够解释某一具体事件的缘由，而且能够解释此类事件发生所必需的抽象空间。

一说到"9.11"事件，和大多数纽约人一样，我眼前总浮现出一幅闪电划过夜空的景象，照亮了"矢量"的空间。首先是飞机飞行所需的那些"矢量"，比如需要空中飞行控制塔的指引等。还有新闻信息"矢量"，向全世界各地播撒自己制造的"残片"。无疑"9.11"事件本身的意义就像爆炸产生的"沙尘暴"，在每个人的记忆中都留下不同的尘迹。它瞬间凭空创造出一种分化，并不断蔓延开来。

当然"沙尘暴"也总有尘埃落定的时候。很多人都会记住"9.11"发生时他们在哪里。也有很多人还记得肯尼迪总统遇刺时他们身处何地。它可以说是"全球性媒体事件"的原型。然而在跟学生讲到肯尼迪时，我有时候需要解释肯尼迪是谁，这一事件为何重要。记得的人越来越少。今天几乎无人还记得加菲尔德总统遇刺事件了，整个事件已经没有亲历者的记忆了。

在24小时内,知道加菲尔德总统遇刺事件消息的人比知道肯尼迪总统遇刺消息的要少得多,而且前者地域分布上也更局限。如果用地图来标记,两者的图形都像一个网络结构,连接大城市的是粗线条,越偏远地方线条越细。作为重大事件,地图还显示出两者都会超出国界,但24小时内肯尼迪事件全球传播快得多。

"9.11"事件的地图则会显示出线条迅速延伸到全球各地,包括极偏远地区。当然包括澳洲东海岸的纽卡斯尔。父亲那天是在深夜里把我叫醒,说我的一个朋友从衣阿华州给他打了电话,我朋友说我的一个合伙人从纽约给他打电话,告诉他她本人还活着,平安无事。她还说告诉他让我快看新闻!原来她没开通越洋电话业务,只好通过美国中西部的一个朋友转给我。这也是我从这类"全球性媒体事件"图能发现的一个结果:渗透作用。电话线路过于拥堵,许多电话无法接通,增加了人们对事件的不确定感觉。往往在我们最急于了解某些不明真相事件的时候,"矢量"发生阻塞,或者崩溃现象,这也成了事件的组成部分。

"矢量"所交流的内容是不可知的,是一片"尘土云"。但可知的是谁在交流,而且是抽象意义上的可知。在事件发生之时,大多数人无从知晓影像或各种故事背后的真相。我们能够看到各种图片:世界政坛领袖、灾难或事故现场、愤怒的人群、被遗弃的儿童等等。如果事件与经济有关,这些图像资料的真相就更难以解读了:比如这些你可以预想到的公司总部的图片或一群神情焦急的交易者对着电话大喊大叫的视频。通常这类图片用于货币贬值、银行或者某家原来口碑尚好的公司倒闭之类的事件。看看那些经济新闻频道的节目,好像真对经济着了魔:不间断滚动的股市行情、财经专家滔滔不绝的评论——可别核实他们的股市预测,但我们就是难以知晓经济究竟如何。我们所知道的就是,在现实世界这类事件迟早会发生。

这就是"矢量"的世界。或者更准确的说,这是一个"矢量"被分裂为两种不同速度的世界。矛盾的是,速度革命,也就是"矢量"革命,进程却非常缓慢。最关键的转变源于电报技术的发展。电报应用之后,信息的运行速度就超越了物体、商品或弹头的运动速度。互联网不过是电报技术的改进之作,电报其实就是"维多利亚时代"的互联网。"信息矢量"电报,以其速度优势,创造了新的世界地理,重新组织了人与物的分布状态。在新地理空间范围内,所有其他空间重组的可能性聚集起来。在此主体与客体聚在一起,两个范畴既作为实体存在着,也以抽象形式存在,且具有"互指性"。

通讯"矢量"空间的诞生有希望解决"第二自然界"的诸多矛盾。此处"第二自然界"指集体劳动作用于大自然所带来的物质转变的空间。"第二自然界"是具有一定现代性的空间:有碎片化、异化、阶级斗争。从许多方面来看,"矢量"空间都具有"第三自然世界"的特点:它可把人类建设起来的环境,即"第二自然界"当作"持存物"进行组织管理,正如"第二自然界"把大自然当作"持存物"一样。

然而"第三自然界"并非以理性和透明的空间形式,伴以同质性和连续性的时间出现的,而是以混乱、事件空间的形式产生的。面对混乱无序的大自然,历史的反应是创造"第二自然界"供人类栖息;而针对同样混乱的"第二自然界",历史的反应是创造"第三自然界",结果是制造出了更大的混乱。历史的天使在两大历史阶段之劲风裹挟之下翻飞,已不忍再回望原点,目睹灾难性的后果。新旧自然界的重叠更不断加剧灾难之烈度,却把历史的天使推向湮灭。用海纳·穆勒的语言就是:"过去像巨浪似的在他身后低吼着,卷起碎石猛力掷向他的背后和双肩;未来在他前方积聚着力量,撞击着他的双眼,他的眼球像一颗恒星爆炸了;语言向炸开的瓶塞发出震耳欲聋的回响,未来的喘息足以令他窒息。"

也许在遭遇"全球性媒体事件"之时,我们很难从时间上或从历史的角度审视它,但还是有可能从空间上、地理的视角感知它。在被它炸裂的眼球残存视网膜上,还会留下它电闪雷鸣之后的成像,展现整个事件背景的轮廓。"全球性媒体事件"自身还是会暴露其发生的或然性的空间。

下面把上述情形和其他两种方法进行对比,这两种方法都很成功和有效,但在对事件进行"矢量"分析时都有不足之处。第一种方法是认真对待那些事件发生以后官方认可的叙事版本做出的"反叙事"。乔狄·迪恩的观点是:"阴谋论就是日常政治。"这些"反叙事"的来源,主要是那些打破常规叙事模式的那些"全球性媒体事件",在经过一些修改之后还会被缝补在那些常规叙事中。肯尼迪总统遇刺和"9.11"都是这类事件的典型代表。尽管有其价值,但该方法容易失去对媒体空间的"事件性质量",即其轰动性和不可预知性的认识。尽管迪恩的批判理论并不存在"阴谋论"理论家所指责的"轻信"问题,但它难免过于重叙事而轻事件本身,不可能仔细考察事件的来龙去脉以及事件发生之时所显露的矢量关系之结构。

另一种方法是简·本尼特的"物的理论"。本尼特有一天偶然看到被排水栅栏挡住的各种垃圾后突发奇想,提出今天的"过度发达世界"实际上已不再处于"物质主义文化"阶段。不然的话,它就不会不断地制造出那些被菲利普·迪克称作"kipple"的东西,也就是那些"垃圾空间"(莱姆·库尔哈斯语)随处堆放着的物质的碎片。因此本尼特呼吁实行"物的政治"。她举出的例子中就有 2003 年美国东北部很多地方不得不实行灯火管制这一事件。但本尼特过于强调该事件中物的重要性,却忽视了事件中把这些"物"贯串起来的时空条件。结果我们又陷入"经验主义"方法的窠臼,只会用更多物的证据来证明对事件的推断,导致局面更加复杂。

迪恩把叙事复杂化了,而本尼特过于重视"物"的代理功能。双方都忽略了事件赖以发生以及被认识的"时空组合"。二者共同的缺陷是,对事件的认识只能在其发生之后,仿佛事件的"时空组合"是外在的东西,而其实它是事件的有机组成部分。

笔者提出的"矢量分析"方法,立足于组合的时空观,基于自己提出的新闻事件的构建模式,简单说就是发展更缓慢、更具地方色彩。有句老话,说"新闻是历史的初稿。"其实倒不如说,认识始于新闻和事件之间的矛盾斗争,而理论总是姗姗来迟,其任务并非把事件进行主观或客观地具体划分而是要把握住导致事件发生的时空组合。

下面我们看看三类具体的事件。第一类是突发性的经济动荡事件。1987 年全球性的股市暴跌就属于这类事件。还有 2008 年的次贷危机,2011 年的欧元区经济恐慌都属于此类经济事件。此类事件揭示出其背后的"矢量"的"金融化"逻辑。亚历克斯·加利尼克斯的观点是:"'金融化'是指金融领域有了更大的自主性,金融制度与金融工具进一步扩散,以及更为广泛领域的经济行为体融入金融市场。"信用经济日益深入人们的日常生活,几乎是每一类或每一笔交易的必须手段。同时,像房产债务之类的日常生活债务不断积聚、"债券化"或转手卖出,实现其风险对冲或保险。因此一整套经济扩张起来,不断积累、交易或保险这些新型商品。在实物经济仍在运行的同时,"矢量"加快了这些"模拟实物"经济的运行速度。

官方此类事件的叙事往往是含糊其辞或不知所措,因为官方叙事的重要前提是市场的神圣地位。现实中的市场往往被视为理想化市场的基本完美的复制品。理想化的市场是无所不知的、无所不见的。因此理想状态下的市场总能完全合理的定价,所有资源都最有效率的进行分配。危机只能是由现实中并不完善的市场造成的,而理想状态的市场是无懈可击的。然而自从肯尼斯·阿罗以来的经济理论认为,即使理论上无懈可击的市场也只能实现对资源的次优化分配,但这样的情况现实中也并不存在。

"第三自然界"终于成为了一道风景,一种环境,不过仍是时隐时现,只在事件发生时才一露峥嵘。在其疆域内完全服从自己的一套地理学,甚至有自己独有的天气系统,受制于至今尚未完全被理解的法则。对其具体工作原理的认识仍存在障碍,尤其是我们原有的某些认识,不论是有意识还是意识的,都掩盖了其真实的发展趋势。对于理想状态市场的认识是其中之一,自由主义的公共领域思想也属于这种认识。在事件发生之时,"第三自然界"的历史偶尔从这些"迷思"之中探出身来,不仅会显露整个轮廓,甚至会透露一下参与争夺"第三自然界"的命令和控制权的权力各方。

"危机政治经济学"在构思"反叙事"活动中起着非常重要的作用。只要政治经济学是一门真正意义上的社会科学,它甚至能够预见事件的"反叙事"。"矢量分析法"的作用却有所不同。这种"全球性媒体事件"有可能探视事件的背景,发现各种金融交易的"矢量"网络已经深入到日常生活的方方面面。"金融化"正加快步伐,以更大规模向"第三自然界"聚拢,结果在以一种全新的、主导性经济形式,创造出一整套新的财产类型。"金融化"是指一个新的"物的类型"的出现,这些"物"以抽象或工具的形式存在,但它们仿佛是具体物的指称,都可用来交易。我们的目的可能是对这些"物"可以存在并产生作用的"审美经济"开始作一种"浅描述"。

2008年的"次贷危机"已经表明,"金融化"的背景其实一个荆棘密布的新疆域。银行不再持有抵押,而是把它们统统打包出售;如果银行自身不再持有抵押,如果万一出现拖欠问题它从哪里弄利息呢?如果银行甚至都不做捆绑抵押业务,而把它委托给第三方呢?如果买方和卖方都知道了债券的风险,而求助第三方进行质量评估呢?如果卖方向第三方支付了服务报酬呢?假如卖方为了规避风险,向另一家金融机构购买了保险,而该机构也是雇佣相同风险评估机构呢?如果保险公司对冲购买或出售类资产呢?再比如出售抵押证券服务的银行如果用自己的账户也进行此类资产交易,赌一赌这些资产的质量如何呢?结果肯定会非常有意思。特别要指出的是,市场并非天生的会自我完善,即便会,由于交易的是并不真正存在的实物,完善也不会产生多大结果。

不断发生的危机表明,"第三自然界"所处的背景环境不仅难以纠正"第二自然界"的错误,反而加剧了原有错误,甚至又制造更多混乱和动荡。结果,呼吁对新金融世界进行改革的新叙事应运而生,伴随着对新观念的抵触和困惑。与此同时"反叙事"也开始声讨"华尔街"的邪恶,迪恩的语言比较接近大众的批判情绪,只是表达上有点粗鲁和偏执。2011年"占领华尔街"运动时有一块牌子上写的特别能够反映这种情绪:"全是他妈的废话。"

金融类的"全球性媒体事件"也许能够揭示"矢量"发展的一种模式,而对此类事件进行叙述的决定权的争夺,可能揭示(从消极方面看,作为"矢量"宇宙中的"暗物质")目前"矢量"的统治阶级某些品质特征。如果当代我们社会的统治者已经不再是资产阶级,而是"矢量阶级",会有什么后果?假如这些统治阶级中的一部分人通过拥有和控制"矢量"而获取了一定政治经济权力会怎样?我们知道金融信息要借"矢量"流动,同样还有影响无处不在的股市信息,这些纯粹数字的私有财产,与它们在其他自然界或世界的所指物之间的关系越来越弱。

现在先把"矢量"统治阶级的问题放下，看看金融事件之外的其他两类事件，以及它们可能揭示的背景空间。第二类事件可以想象为"战略突袭"事件，"9.11"属于这一类，还有2011年成功地推翻了埃及和突尼斯政权的"阿拉伯之春"，尽管它们和"9.11"在其他方面相似之处甚少。此类事件主要揭示在何种程度上"战略"具有"矢量"意义。事件中属于国家的或非国家行为体都利用了特殊权力形式，"矢量"借此把地方性的和全球性的直接连接起来，跨越了其他中间环节。无人战机可以在阿富汗和伊拉克当地的基地起飞执行任务，控制却来自内华达州的军事设施。一个社会运动可以通过社交媒体，调动起与运动几乎无任何直接联系的人群参与，与此同时国家安全部门利用相同的社交媒体监视他们，甚或发布捏造的信息。"矢量"空间的扩散可以调动起更多方面的力量。这就是"9.11"的教训。此类事件揭示了"战略空间"的轮廓。

还有第三种类型的事件，揭示的是完全不同的背景空间。事件的起因是一个两岁的小孩，因为不断发作抽搐而昏迷，被送进悉尼的一家医院。做了尿检之后，韦斯特米德医院的凯文·卡朋特诊断患儿的病是GHB，或称"G水"（γ-羟基丁酸，一种作用于中枢神经而致幻的药物）中毒。γ-羟基丁酸是一种天然生成的物质，有时候可能因为用药导致其在人体内堆积，还有人工合成的致幻药。卡朋特医生推测患儿是用了该药。

在药物的作用下，患儿呕吐了一些彩珠。卡朋特医生对彩珠做了质谱仪分析，结果发现了一种不知名的化合物。后来被确定为一种用于防止水溶性胶水变黏稠的工业化学制剂。在被人体吸收以后，该物质会分解成GHB。该制剂在许多国家是受到严格控制的。彩珠玩具的经销商对此并不知情，他给了卡朋特医生厂家的联系方式，而厂家对此却是三缄其口。卡朋特进一步确认之后将此通报了相关政府部门。随后就有了全球性召回，媒体一片恐慌的后果。

该事件的规模似乎无法和前面事件同日而语，属于次要全球性媒体事件，但也揭示了"矢量"的某些特质。一个孩子就医可以引发各种类似的事件,暴露出导致疾病甚至国际性伤害的"矢量"(在过度发达世界,只有一种情况下"生命政治学"概念仍根深蒂固,就是儿童的身心健康问题)。幸运的是,卡朋特医生一直非常负责,对家长和药物问题的各种猜疑很快就平息下来了。

质谱仪提供了生产环节问题的证据,不然的话,商品供应链上的生产商与销售商之间尽管有密切联系,但它们是不太可能自曝问题的。稍后发生的还是一个小规模的全球性的媒体事件:家长和幼儿园的工作人员把那些彩珠及其装饰物等等全部扔进了垃圾桶。此第三类"全球性媒体事件"可以看作一种"物流危机"。在进行实物管理的"矢量"链条的某个环节出了问题,它揭示的是"商品空间"的轮廓。

在加利·施泰因加特的长篇小说《超级真实爱情故事》里,在处于一个时代终结点的纽约市,只有两种真正重要的人物:从事信贷和媒体工作者,其他人只能做零售。同时私人武装力量悄悄的接管了军队和警方。小说里,男人从事信贷工作,女人就只管零售。媒体行业混杂在两者之间。除此之外的职业都消失在社会空间之外。

实际上在过度发达世界里,至少在那些五光十色的都市里,这幅可笑的劳动职业分布图正在成为现实。"第三自然界"里劳动力所经历着的正是在信贷或媒体之间进行选择。"第二自然界"的劳动力只好做零售工作。至于生产环节则被挤到了城市的夹缝之中,而漫长的供应链的最末端,几乎从我们的视野消失了。与此同时,既外在于劳动力,又是劳动力赖以生存的过去被称作"自然界"的领域,现在只存在于作为"矢量"进行战略策划和管理的空间范围内。

在施泰因加特的小说里,光怪陆离信贷与媒体行业掩盖了小说里人物的面目。无名的私有化的军队控制着所有角色的命运,甚至在他们不厌其烦的交流着某品牌内衣的各种优点的时候亦如此。内衣的来源无非是所谓"一网打尽"的网上购物或者是纽约市游人摩肩接踵的大街两侧的精品店。总之,商品空间主导着他们的感官,即便蛰伏着的"战略空间"不久也将通过一系列事件一露身姿。同时热闹刺激的信贷和媒体世界几乎无处不在却又不可触及。

美国经历了克林顿总统执政的控制商品的"空间矢量"的利益主导

时期;其后是小布什总统执政的时期,占支配地位的是"战略空间"的利益;两个阶段见证了相同"矢量"实力的全面发展。同样,在两种情况下,权力越来越依赖于对"矢量"的控制。两个时期发展的冲突是次要的,更重要的是这些发展都源自相同的历史——"第三自然界"的出现和发展通过"第三自然界",大自然和"第二自然界"都演变为"持存物"。仿佛从现场割取的物品,作为胜者,"矢量"获取战利品。

奥巴马总统执政以来,上述趋势与其前任并没有中断。由于在伊拉克和阿富汗的战争同时进行,美国"战略矢量"的权力用至其极,而且造成一定后果,俄罗斯对格鲁吉亚施压就是其中之一。由于战线拉得太长,美国想帮助其新盟友也是心有余而力不足。奥巴马试图减少在伊拉克的参与度,并限制在阿富汗兵力。利比亚内战爆发时,它利用美国的"矢量"实力,希望趁机有所斩获。继续利用"战略矢量"的趋势没变,只是逻辑思维上有所不同。

在美国,今天的统治阶级都不能说只有资产阶级。"矢量阶级"在迅速发展,其力量源于拥有如下三个方面:首先,"矢量"自身:一方面它拥有跨越空间维度的通讯基础设施,另一方面拥有跨越时间维度的通讯行为。对信息的档案式储存和提取能力本身就是一个"矢量"。两个维度的关键就在于"可寻址性"。在"矢量"的历史发展过程中,很重要的方面是不断改进可寻址空间。我可以在澳大利亚的纽卡斯尔迅速查找到纽约所发生的事件的信息,或者了解中东历史方面的信息,这都需要"可寻址性"为基础。

其次,"矢量阶级"的权力基础还包括它所拥有的那些传递的信息本身。这些信息有各种不同的存在形式。所谓拥有信息,可以是"定性的",以知识产权的形式存在。也可能主要是"定量的",以金融工具的形式存在。但实现它们价值的关键是跨越时间或空间动员起来的能力,否则它们可能失去意义。另一方面,除非通讯成为权力之所在,即便拥有跨越时间或空间通讯的工具价值也不大。因此"矢量阶级"的价值几乎完全取决于"矢量"两方面的权力:信息在不同地址之间的运动,以及信息可以作为独立的"物"被辨识、估价、交易和储存。

第三,"矢量"权力还体现在信息流的形式,或者信息的"及时性"。

正如"商品空间"的食品物流,既有干货也有新鲜食品,在"第三自然界"运行的信息也有"易损"的和持久性的信息。"新鲜信息"可能会越来越稀。"新闻集团"2011年陷入一系列丑闻之中,其新闻记者和编辑被指控有"电话窃取"行为。通过对新闻人物移动电话进行录音,他们可以最早获取新闻线索。事件一方面暴露了默多克帝国职业伦理标准方面的问题,也说明依靠信息流动的速度来经营企业的艰辛。

所以,"矢量阶级"的权力有下面三部分:作为基础设施的"矢量"本身;信息资源;信息流动。"矢量阶级"自身以三种不同方式,在三个不同领域,融合了这三个组成部分,也造成了不同的阶级利益形式。在新型的国家构建上,关键在于这些利益的协调与否。

第一种"矢量"权力寻求控制"第三自然界"领域本身。通过掌控信息"矢量"的"高地",它控制各种可能性空间,从而对"第二自然界",甚至对大自然行使其权力。"矢量"权力以两种权力形式作用于"第三自然界",我们可以称它们为"信用"行业和"媒体"行业。它们又分别通过定量的和定性的信号方式进行控制。

第二种"矢量"权力利用更复杂的物流系统控制"物"的联系与运动。或者,简言之,它的目标是控制以"商品空间"形式存在的"第二自然界"。它同样以"定量"和"定性"两种方式存在。像"沃尔玛"之类的企业就擅长"定量"的物流形式。其成功的关键是尽量降低供应链的成本。同时还有其他类型的公司,尽管也重视降低供应成本,但其成功更依赖于管理更诗性化的品牌效应。它们管理的是欲望的经济化而不是对经济化的欲望。

第三类"矢量"权力控制的是"大自然"。该自然不能理解为一个早就存在的自然领域,而是经过人类摄取并施以劳动过程之后被视为"腹地",并通过劳动了解和得以工具化的领域。一个手中持有锤子的人,会把一切都视为钉子。对无人驾驶战机而言,一切都可以成为下个目标。对一个掌握"液压破碎法"获取天然气技术的公司来说,每一块土地下面都可能储藏着天然气,即使处于分水岭也不例外。这也存在两种情况:一种是作为地缘政治一部分的"大自然",比如该区域具有易于防守或有利于占领新地盘的"定性"特征。或者该地区地下"定量"的资源丰富，比如储藏石油、天然气、稀土甚或可饮用水等等。

"大自然"上述两方面特点，现在似乎都成为无界无形的第三自然界的制约因素。也有一些非常特殊的"矢量"权力试图跨越"大自然"的"顽固性"与"第三自然界"的"柔韧性"鸿沟。但是通过铺油气管道也好，建造无人战机也好，都需要投入大量的资源。而且无论以何方式，这些资产的利用都日益受制于各种"矢量"权力。"未来资源"的存在至少数学上是可能的。而战略的未来，不管前景如何，都取决于"军事上的革命。"

此时此刻，我写作本文的时候，可以看到船舶从纽卡斯尔港口驶进驶出；头顶上来自附近威廉斯镇空军基地的喷气式战机呼啸而过。然而面对新闻媒体连篇累牍的关于"威胁"报道——一艘艘小船载着饱受贫困折磨或暴力侵害的人们，停靠在在幅员辽阔又人口稀少的澳洲海岸，战斗机却毫无用武之地。辽阔的海洋依然是那些"流民"们愿意冒险跨越的障碍。

取代冷战时期的"军事——工业复合体"的是一种新型组合，即"军事——娱乐业复合体"帝国，而不是全球法律与贸易构建的司法帝国。新帝国的两个对立面，商品空间和战略空间，既互相交集，又不乏对抗。两者的驱动力都是同一必然发展趋势——世界的"矢量化"。是"矢量"造就了今天的世界，这个财产与战略的空间，一个用来辨识、评价、命令各种物的平台。这个新复合体一部分停泊在美国，但绝不等同于美国。更确切地说，正是它在把美国撕裂开来。该复合体特别倚重构建美国式民主与社会的材料，也在阻止美国变成一个"正常"国家。

新"军事——娱乐复合体"迫使欧洲变成"欧盟"，以更有效的管理和遏制欧洲的"矢量化"。它同时为自己创造出了一个替身，也是一个"完美"的对手。"基地组织"是一个"完美"又不可或缺的敌人。因为它几乎同时对抗着"矢量权力"的方方面面。它攻击"矢量权力"的最强有力的象征：五角大楼和世贸大厦。它利用新闻机构的对新闻的饥渴，结果使新闻机构搬起石头砸了自己的脚。

现在是一个危机四伏，多事之秋。不仅是因为那些既反对"军事——娱乐"复合体，同时又反对复合体的仇敌的那些力量。"9.11"之前,一些人以为"矢量"权力会选择司法途径,在遭遇冲突时对方也会选择全球性协调机构,如世贸组织等。"9.11"之后,有人提出我们面对的依然是美帝国的统治,为了石油不惜血的代价。两种诊断其实都有失偏颇。权力的日益"矢量化"绝非贸易的全球化及其一系列后果而已。当然当前兴起的战略空间也不仅是过去帝国主义的军事冒险的连续体。

在"第三自然界"看起来好像技术可以解决过去属于政治经济学的问题。人们原来以为"第二自然界"的各种矛盾可以通过强化"第三自然界"来解决;"第三自然界"的问题可以通过其自身的推进或者创造新层面的"自然界"来解决。以此类推,后来居上,总能弥补前者的缺陷。"金融化"的缺陷可以通过以光速运行的电算化的贸易得以补偿。原以为"面孔识别技术"就能确保安全;无需人为控制的无人战机依靠全自动化的程序和计算就能准确发动攻击;上一代"苹果"产品解决不了的问题,下一代很快就能面世解决。

但我必须认真的问自己,在每次闪电般发生的事件之后,事情果真如此吗?或者还有什么更喜剧性的结果?看看马特·泰比的观点:

上一代发生的是犯罪与政策、窃取与政府高度复杂的合并。美国的那些金融领袖以及他们的政治公仆们,压根儿没想到还要照顾老百姓。他们不知怎么得出个结论,这个社会已经没救了,因此他们要致力于完成新的使命,但不是为所有人创造财富,而是要把我们经济大空洞中所剩无几的一点财物统统藏匿起来。不是他们养活我们,而是我们养活他们。

遭遇"矢量"权力时,不能放弃使用"矢量"。现在"流民"逃离的难度在不断加大。现在他们的主要对策是"分兵作战"。无论如何,他们的流动或逃离都需要"矢量"来组织进行。没有什么能够摆脱"矢量"。所以现在的问题是如何更好的利用"矢量"。应该把它当做一个路径来创建一个开放平台,用于解决各种分歧,而不是看作一个对财产或战略进行计算结果的等式。发生事件的空间未必等同于灾难的空间。未必一定要对抗军事——娱乐复合体,逃离也是一种选择。与其对"矢量"之前的过去无法释怀,不如创造一个不受"毁灭性历史"逻辑控制的现在。

　　媒体艺术家里卡多·罗德里格斯最近成了处在媒体风暴中心的人物。因为他制作的一种"跨境移民工具"手机程序，可以帮助试图穿越美墨边境的人找到水资源。他在圣迭戈市加州大学的一个小组设计了该程序，程序中还包括一些表达欢迎新到达客人的诗歌。这是一个"流民"们利用"矢量"技术的精彩实例，尤其适合那些分散行动，跨越危险的地理/战略障碍的人。就"手机窃密"而言，这个例子比"新闻集团"采用的手法更有意义。"矢量"可以想象为既超越"财产空间"，也超越"矢量阶级"的利益的控制，为那些"全球媒体事件"中揭示的各方打开了更多潜在机会。我们对"第三自然界"的认识以及事件所暴露的各种具有潜能的空间都可以进行实验研究。总有不止一种方法来发现"矢量"无意识的轮廓。

写于澳大利亚纽卡斯尔

8. 保障安全

人是多健忘啊！还记得盟军在二战时期为什么信念而战的吗？谁还记得"四大自由"吗？其实它们是：1. 信仰自由；2. 言论自由；3. 免于匮乏的自由；4. 免于恐惧的自由。然而在今天这个曾经的"美利坚合众国"，人们需要的也许是"新四大自由"：1. 免于信仰的自由；2. 免于言论的自由；3. 免于欲望的自由；4. 免于安全的自由。就上述四种需求，在这里只讨论最后一个。安全的基础究竟是什么？有什么能够确保安全性？没有。因为不安全，才有了对安全保障的需求。奇怪的是，真正构成安全威胁的是安全保障本身。我们需要保障安全的是"安全保障"自身。

国家以"国家安全"的名义采取行动。还有什么比这一点更像乔治·奥威尔描述的那个荒谬的国家制度？所谓的安全国家其实暴力充斥。国家安保的手段是不断制造着不安全性。最好是掌控之中的"不安全性"，偶尔失去控制也不是什么大不了的问题。从国家角度来看，这对企业有好处。美国大兵过去喜欢在他们的打火机上刻写的一句话是："生命是我们的也是企业的。"

对安全的国家而言，真正的威胁是和平的前景。由此看来，前苏联集团的内爆其实是场灾难。人们甚至开始认真考虑拆除美国的安全设施。也出现了如何分"和平红利"的讨论。谢天谢地，"不安全"又回来了，那些"军事——娱乐复合体"的股东们也安然无恙。威胁似乎与日俱增，因此军事设施就有了用武之地，也有必要增添更多娱乐设施。

今天的"军事——娱乐复合体"与过去的"军事——工业复合体"有很大不同。新复合体的基础设施以数字化取代了机械化的主导地位。

这个"军事——娱乐业复合体"究竟从何而来呢?"军事——工业复合体"以加速度的方式制造出愈加复杂的人类战争机器和人类福利机器。其速度之快、复杂程度之甚,催生出一整套在其监控、情报管理、规划与命令等方面的问题。"军事——工业复合体"不遗余力地确保其"第二自然界"的安全。它把"大自然"转化成"第二自然",转换成一个可以成为某种工具目标的世界,一个"持存物"。在这个把世界一块块地不断转换成目标物的过程中,也制造出一个附加的问题,就是这些工具之间的相互关系问题。

解决这些问题的努力过程衍生出数字技术,起初也只是一个补充。计算技术和通讯、模拟技术相遇了。经过一段时间发展,这些技术竟摆脱了对机械的从属地位,反而对其全面控制起来。控制已经不再只是对身体及其需求的管理,而是更为精细地从人类的组成部分提取所需的精华。而人类的组成部分又不断地碎片化之后连接到数字的元件上。具有动员力的不再是"生物力量"而是伯纳德·斯蒂格勒所说的"心理力量"。因此有了"军事——娱乐业"复合体取代"军事——工业"复合体;"第三自然界"由此取代了"第二自然界"。

数字不仅擅长物流管理和发号施令,还喜欢幻想和诗意。"军事——娱乐业"复合体的功能也就具有双重性:它既有理性、逻辑性一面,又有浪漫的、富有想象性的一面。后者能不断构想出前者存在的理由。"不安全性"并非只能简单的被强加给自己。也不可能凭空建造一个增长的产业。一切总是事出有因。康拉德·贝克尔指出:"以后见之明来看,整个帝国都可能是一个'文化工程'的产物。"

"军事——娱乐业"复合体的崛起,是社会走向衰落的一个标志。美国已经不再是个"主权国家"。它是被统治阶级给肢解了。社会结构都裸露无遗。美国统治阶级就这么看着自己曾经强大无比的"军事——工业"复合体破碎了,不是"建设性的摧毁",而是"毁灭性的摧毁"了。面对所剩无几的老复合体,统治阶级将其洗劫一空,废除了对财富征税,把生产过程所需的主要成分全部转移到了别处。维利里奥把这个难得一见的"准马克思主义"时期称作"内生性殖民化"状态。此时国家对自己的国民,而不是对其侵占领土上的人民进行殖民主义统治。

从此以后,这个曾经的美国,只能依赖于从并不心甘情愿的世界收取租金养活自己了。它只出口两种东西:"安全保障"和欲望。首先,"军事——工业复合体"呈现的是人们并不需要的完全负面形象:它的"安全保障"是防止大自然出于其自然的倾向给予我们所需的一切。"安全保障"似乎至少稳定了时空的泡沫,暂时还能存在于"安全泡沫"之中。其次,美国另一个出口产业,是通过替代形式,展示一个充满希望的"别处"。"军事——工业复合体"一只手抓住"泡沫",另一只手不断刺着这些泡沫以及它们各种欲望的承诺,那些永远在"别处"的碎片。

住在洛杉矶好莱坞山庄的居民们对如织的游人时常倍感气愤:他们在当地弯曲的街道上闲逛,常常造成交通堵塞,到处乱扔烟蒂。到底是什么把他们吸引到这里并无奇特之处的街道上呢?就是想看看著名的"好莱坞"几个大字。他们靠什么穿过迷津般的街道找到这里的呢?是他们手中的"GPS"。他们只想在这块全美被拍摄次数最多的大字下面也留个影。GPS提供的是帮助找到"好莱坞"大字标牌的"矢量",而作为另一个"矢量"的大字标牌却无处所指。在此留影跟在"泰姬陵"或"帝国大厦"留影还不一样。后者肯定不仅仅是个标牌,而"好莱坞"仅仅是形状可笑、表现欲望的黑白屏幕而已,也许你可以在上面投射出自己。感谢GPS奇迹吧。

"好莱坞"黑白的标牌恰似律师的合同书。"军事——工业复合体"已经作出声明,不仅现在的欲望,而且所有将来的欲望都是他的私有财产。你的文化也不再归你所有。你必须租回你自己的"无意识"。由于无力在开放的市场上与对手竞争,美国发现自己只能依赖武力和武力要挟来寻求新的扩张方式。石油也许是伊拉克战争的部分原因,但得到那些重建伊拉克过去十年因为被制裁和战争摧毁的一切的建筑合同也是战争原因。

简单地说,"军事——工业"复合体已经进入一个恶性循环。它假想出自己的威胁,因此可能释放出暴力来进行对抗,结果造成"因果误置"。究竟是先有谁,安全还是不安全?也就是先有鸡还是先有蛋?麦克卢汉认为:"从蛋的角度来说,有鸡就是为了生更多的蛋。"我们不妨借用一下，以安全的角度而言，有了不安全必然需要更多的安全措施，前者只是安全自我繁殖道路上的一个小站而已。

不错，我清楚：撞击世贸大楼的飞机都是真实的。本·拉登也是真实的。但是谁导致他的存在和所作所为的呢？又为什么呢？也许是巴基斯坦的秘密警察，或者 CIA，还是沙特瓦哈比教派。本·拉登曾经是试图颠覆前苏联对阿富汗的控制活动的一名特工(名不见经传)。谁能想到此人竟会威胁美国利益，又是为了什么？

德波指出："一体化景观的目标是把革命者变成特工，把特工变成革命者。"这句充满预言性的话特别有助于我理解 1989 年前后发生的那些事件，当然包括东德的。它甚至也适应于 2004 年乌克兰的那些事件。特别完美的符合阿拉维、沙拉比和其他一些"马甲"的情况，他们在美国占领伊拉克的早期经常出现在 CNN 的谈话节目里。这种"一体化景观"，也就是我说的"军事——工业复合体"，其实是"安全"与"不安全"之间连续性、非辩证的关系的制造者。他们本质上是同一概念。"安全"从其自身制造出同质体。

这里还有个并发症。"安全"所真正害怕的竟是需要它保障安全的人民。它害怕他们渴望和平。"安全"需要制造外部的"不安全"来保障其内部的安全。大卫·哈维的观点是："外部的'邪恶的敌人'成为被借以祛除或驯服内部那些潜伏的恶魔的主要力量。"因此就有了美国占领期间伊拉克议会上演的政治闹剧。现在回想一下，可以把德波的观点更新一下并稍作修正，就是："'军事——工业'复合体的目标就是把雇佣军转变成爱国者，把爱国者变成了雇佣军。"

美国国内潜伏的"恶魔"其实就是那些对统治着他们的"安全国家"漠不关心的老百姓。冷战之后，人民开始质疑"安全国家"存在的必要。这种质疑被右派，被金里奇的"美国契约"组织及其"茶党"的继承者们最好地引导着，表明民主党深受"军事——工业复合体"和"为了安全而制造不安全行为的伤害"。

密涅瓦(智慧和技术及工艺之神)的猫头鹰在黄昏时才飞翔：我们现在之所以讨论"国土安全"问题，是因为它正在从最基本的政治经济学意义上消失着。倒不是说曾经是美国的工作，现在都转移到中国或印度去了,但问题是完全有这种可能。"矢量"阶级的力量之所在是逻辑学的力量,是想象和组织信息世界的力量,这是一个能够组织"第二自然界",即"物的世界"的"第三自然界"。"第二自然界"管理组织的是已经在"别处"的大自然。在如今"跨越时空的感知"时代,充斥着欲望的国土总是要尽力冲破"安全"力量的束缚。来到"好莱坞"招牌下留影的游客也就带走了招牌,并想带到哪里都行。

那么"矢量"阶级的崛起与从"军事——工业"到"军事——娱乐业"复合体转变之间究竟有什么联系呢?两者之间既是互为中介有互利互惠。我们可以看到,即使美国在以传统的老式军队占领别国时,所谓的"军事事务革命"过程已经在同时进行着。所有统治阶级都试图按自己的想象来构建军事力量。"矢量"阶级也不例外。它所想象的战争是"第三自然界"背景下的战争。类似于现实世界中数据管理式的计算机游戏。

阿富汗曾经统治过克什米尔和白沙瓦肥沃的平原,但自从失去它们以后,已经无力支撑自己。它只有2%的可耕地,还有稍多一点的牧羊草场。这不是为人们所真正了解的。因为这里也很难获得可靠数据。正是这样的一个国家,却打了30年的仗,包括内战,造成百万人口死亡。并不是说由国王统治就一定好。国王统治依赖于大地主阶层的支持,而地主依赖于榨取其佃农,地主们之间也总有矛盾冲突,但他们能够维护最基本社会秩序。地主和国王对发展并没有真正兴趣,因发展可能会削弱他们权力。这种经济的基础是农民阶级,它们生产的剩余被榨取来维持统治寄生的阶级。

国王被废除了;废除国王的人也被废除了。共产党通过政变掌了权。他们之间也要相互斗争。他们推行从上至下的改革,既改革村庄社会生活,也改革了社会财产关系。伊斯兰教成为反抗力量的聚集点。美国和巴基斯坦人想趁火打劫,结果加剧了其动荡,为前苏联借机利用。苏联入侵了阿富汗。老的统治阶级寄生虫们逃走了,反抗者们取而代之,成为新的寄生性统治阶级。苏联撤离之后,各派之间争权夺利,竟难以组合起一个国家来。塔利班组织通过从难民营里征召的军人,在阿富汗东部的帕坦地区组建了类似于政府的组织。

"9.11"之后该组织为本·拉登提供庇护，制造了一个难题，但它也是迫不得已。在伊拉克战争开始后，美国已无力再对塔利班开战。所以美国在阿富汗的战争采取了不同形式。它最初是选择代理人，结果是殖民占领了这个地方。如果他们真的给阿富汗带来食物、正义、发展，或者别不停地进行空中打击，也许还能容忍。既然美国人没这么做，阿富汗人于是跟美国人打了起来，和当年反抗苏联，反抗英国一样。这一次可以算是"第五次阿富汗战争"。看看现在阿富汗怎么样了：极度贫困的经济主要依靠农牧民，他们深受新的寄生统治阶级压迫，情况不仅没有好转反而更糟了。新的统治阶级支撑着一个名义上的民族国家政府，跟过去的政府一样，似乎没有太多理由想要改变现状。

美国究竟为什么要耗费大量时间、生命、金钱，拼命守护这么一个贫瘠的地方呢？它既没有石油也没什么天然气。但它是一个从有石油和天然气的地方铺设管道的便道。因此美国要保证它的安全，因此也就带来了那些"不安全"。既然阿富汗人对美国人开枪，美国人就派来飞机炸他们，要干掉那些"坏蛋"，兴许还有他们附近的所有人。这是一次"矢量"战争，而且是不再"原始"的"矢量"战争。在某一具体时间，美国人并不知道敌人的确切位置或究竟谁是敌人，反正几乎所有当地人都成了敌人。

这一切乍看起来和亚马逊公司推出"金读之光"平板电脑并无必然联系。2011年亚马逊公司在福布斯美国500强企业排行第78位。它从最初一家普通网上书店发展成为互联网零售业巨头，另外还在进军虚拟主机和其他"矢量性"服务。据说亚马逊公司发现自己网上书店销售的瓶颈之后，研制出一款与网上书店完美融合的电子阅读器。2011年公司推出"Kindle"系列平板电脑，主要作为阅读亚马逊网上销售的各种视听产品的工具（类似毒品作用），向"苹果"公司的"iPad"发起了挑战。"Kindle"自带的浏览器还有一个突出特点，即"亚马逊云"可以在打开你选择的网站之前帮助你进行一些运算。运算给公司带来的重要附加收益是，它几乎可以得到你在互联网上所做的一切数据。

亚马逊步谷歌电子书之后尘，通过提供廉价的服务工具换取数据信息，不仅为其营销提供便利，甚至对整个公司的物流都有帮助，真是一本万利。像谷歌和亚马逊这样的公司,已经有能力跟踪你的行动、购物、社交网络和通讯,能描绘出关于你的一幅非常详尽的行动和欲望图。

简而言之,这就是你在一个过度发达国家得到的"安全保障"。"矢量"阶级为了"安全",得到了关于你的数据。这些在过去属于"隐私"的话题,好像那艘船根本就没有起航。这些公司一般都会谨慎管理关于你(并不都来源于你本人)的数据。他们尤其不愿失去对数据的控制。他们也不会与其他公司,哪怕是自己的客户,分享这些数据。问题关键不在于这些数据是公共还是私人的,因为这两方面和传统的存在方式已经大不同了,而是确保这些数据不出公司才对公司最有利。这些其实是情报。

在获取情报这点上阿富汗和亚马逊事件是相同的。不同之处是两类信息的精细程度以及在信息基础上构建的"矢量"权力差异。在阿富汗,情报意味着弄清楚那些刚刚击毙美国服务人员的狙击手们的分布和协调手段,然后发布空中打击命令,几分钟内向他们倾注枪林弹雨。在"过度发达世界"里,情报要更为精细、微妙。如果你买过捆绑性爱小说,该信息就可能被用于预测,你也许会喜欢其他皮具,然后你就可能被"推荐"此类产品。除了跟踪你的购买行为之外,它们还可能追踪你经常光顾的网站,根据你的浏览习惯或电子邮件的关键词信息,向你推荐捆绑性爱小说。

其实倒不是"矢量"性质企业乐于侵犯你的隐私或者向外界公布你喜欢捆绑性爱小说。真正被侵犯的只有你自己想成为隐私的隐私,比如时间上的隐私。比如当你打开笔记本电脑,准备做业务汇报时,并不希望不断被提醒你最近经常搜索的一些内容。这一点看起来和在阿富汗射杀普通农民没什么可比性,的确在不少方面两者不同,但有一点是相同的:它们分别体现"矢量"权力的"精"和"泛"两种形式。它们反映了"圆形矢量"决策的度的差异。

因此我们今天面对的是一种正在崛起的基于新的阶级构成(其实已经颓败)的新型权力。究竟该如何面对,或者说最好是躲避它呢?乔吉奥·阿甘本的对策是:"归根结底,国家是认可任何形式的身份认同的……但国家无论如何不能容忍的是那些竟然难以作出身份认同的奇特的社会构成,一个人竟然同时属于不同的社会身份认同或者不属于任何代表性的社会认同。"在当今"第三自然界"时代,"军事——工业复合体"统治下,由"矢量"阶级提供驱动力,以"安全保障"作为意识形态的社会,阿甘本似乎提供了一种日常生活的游戏策略。

一个蒙面男子高举着的牌子上写着:"新的开始近在咫尺"。该男子的打扮,尤其是对经常看电影的人来说一目了然,他戴的是根据一部流行喜剧改编的电影"V字仇杀队"里盖伊·福克斯的面具。这种面具在一系列占领公共空间的活动中非常受欢迎,尽管电影制片方要收取其规模生产的版权,这正符合阿甘本所描述的掩盖身份认同。尽管大家掩盖真实身份组成了一个无身份认同的团体,却有共同的关系。

讨论"流民",或者不同阶级,强调的是社会组织中的主观元素,而忽略了人类赖以生存的非人性或非人类的元素,同时尽量避免把"第三自然界"发展的系统化特点。"第三自然界"的发展,提供了新统治阶级和"流民"形成的可能性的各种条件。"第三自然界"的某些特质值得我们关注,也需要特殊的方法。

我们可以用三种方法。第一,这是我在最前面一些章节中试用过的,叫做"矢量"研究的"心理地理"方法,通过沿着"第三自然界"的"对拓"边界画出的地形图。第二种是我稍后提出的"全球性媒体事件",它能够在这种事件发生的一刹那,勾勒出"第三自然界"的轮廓。我想紧接着提出第三种方法,即如何识别新型人物的方法,或者叫做"交互面孔"法。乍一看该方法是用于识别人的类型的,但此时的"面"并不全指人的面部,它们并不能像一部好的小说中人物的面貌那样,能够反映其内在品质。这里真正有意义的不是它们反映的内心世界,而是它们与外部世界的相互关系。因此它们不是普通的"面孔",而是"交互面孔"。

究竟通过何种生活方式才能体验日常生活的诸多具体方面,而且对体验者有真正意义呢?尤其是怎样才能主观的把握日常生活的非人类方面呢?那么,我们觉得有特殊意义的"交互面孔"并不是那些根据主体与异己的或自己认同的他者的关系,处理主体的主观性自我理解问题的"面孔"。我们最好寻找其他"交互面孔",通过它们理解主体与客体之间的意义关系。

有一种此类"交互面孔"可能把我们带回另一种状态的"安全"问题,即"游戏客"的"交互面孔"。大概有四种方式可以构建一类人物与"第三自然界"之间的关系,此处的"第三自然界"既是纯粹抽象意义上的,也是实际生活体验。其余三种方式在后面的文章进一步展开。在"游戏客"的"交互面孔"所呈现的世界里,总是不断计算着风险和评估所拥有的资源,也就是确保自己对抗威胁的身份,其实最能说明"交互面孔"的自身特点。

在进一步讨论"交互面孔",尤其是"游戏客"的"交互面孔"之前,有必要说两句游戏和玩游戏的问题。批判理论也许可以从卢卡奇的文学批评那里找到源头,也许可以延伸到阿多诺和列斐伏尔的影视批评和日常生活批判理论,但批判理论总体上涉及游戏的内容很少见。阿多诺和列斐伏尔的某些关于游戏和玩游戏的边缘性的批评还是非常有趣的,但对二人来说游戏和玩游戏都不是他们主要批评对象。游戏已经从可有可无的边缘性转变成主导性文化形式,因此有必要对"游戏"和"玩游戏"的概念都要进行重新评价。

写于德国柏林

9. 日常生活中的游戏与玩游戏

"你的生活变成运气游戏了吗?"这句话是《时代》周刊过去一篇文章的标题。文章的开头写道:"华盛顿人已经把你的生活变成不停转动的轮子,从你进托儿所时开始转动,结束于退休的那天……华盛顿设计的游戏规则和赌场里的相似,赢家寥寥,大多人必输无疑。"这样把生活比作游戏的例子不胜枚举,这只是其中之一。如今游戏可以说是无处不在却又难觅踪迹,过去游戏被限定在一定时间或空间内,现在则是无处不在。

以那些长盛不衰的电视"真人秀"节目为例,节目中场景真实往往被设计成游戏形式。在"平凡英雄"里,一群普通年轻人通过竞争,优胜者再挑战健美明星,以争取赢得拉拉队长们的青睐。在"飞黄腾达"节目里,企业家和商学院类学生同台竞争,争取进入著名地产大亨唐普的团队。布莱顿和科亨在其著作里评价道:"此类节目通过制造一个游戏世界,让那些非职业演员人物进入这个充满压力和现场性的环境,不断经受非常残酷和极端的挑战。在这个封闭的世界里参与者往往陷入困惑和正常辨识力。节目制作在权力上通常缺乏足够透明的控制和安全保障机制。"这不正是现实生活的写照吗?

战争也越来越像游戏。施瓦茨科普夫将军在其第一次海湾战争回忆录中写道,在战前的模拟演练中,美国人和伊拉克人使用的是相同的商业软件。"沙漠之盾"行动开始后,模拟演练仍继续进行。施瓦茨科普夫将军记述当时在公报上分别贴上"真实"和"模拟"标签,他和同事们才能把它们区分开。

当然,现在理论也更像游戏了。正如许多运动员都有招牌动作,斯

拉沃热·齐泽克也有。他在玩理论游戏时,开始的招牌动作是把传统智慧之作先翻到尾页,然后再倒过来阅读。例如:

> 并非把一场冷酷的战争幻想成电脑显示屏后面的游戏,就能够使我们逃离面对面残杀的现实……相反,我们构建面对面遭遇被血腥杀害的敌人的虚幻场面,是为了逃避非人性化的,已经成为匿名状态下的技术行动的战争的现实。

我觉得他有一定道理,但齐泽克招牌动作很容易就能够用在其他理论家身上。并非把理论幻想成一种文字的游戏,它就无需货真价实。而是理论总是货真价实的幻觉,使我们难以认清学术可能就是语言游戏的现实。还有,今天似乎一切都像是游戏:日常生活、工作、战争、知识、甚至爱情。一旦我们在其中一个无情的零和竞争中失败了,还能逃到拉斯维加斯,去玩一把没有竞争,只凭运气的游戏。

这些体验特别像乔治·佩雷克的"反乌托邦"小说《W》中的情景,这让人特别感到不安。小说主要是作者对童年时代的回忆。为了逃避纳粹统治,作者为自己的童年幻想重构了一个完全按照公平竞赛的奥林匹克精神组织的小岛《W》。随着故事的发展,我们却发现越来越多的奥林匹克理想的黑暗面。岛上运动员不是为了取胜,而是为了生存参加比赛。小说后来关于比赛的描写越来越少,更多的转向营地生活描写。后来比赛和营地生活更像是一回事。如果在竞争中只靠头衔压人,最终他将一文不名。竞争就应该是真枪真刀的生死对决。

关于游戏批评的文献并不多,佩雷克的小说应该算上乘之作。在该领域的理论前沿,有四部经典之作值得在此推介。前两部分别是约翰·赫伊津哈的《游戏的人》和罗杰·凯洛斯的《人类、游戏与玩游戏》,两本都是挺怪的书。另外两本甚至更奇特,后面再作介绍。我们不妨先采纳赫伊津哈的看法,把"玩游戏"看做基础范畴。"游戏"可以决定"玩"的形式并规定玩法,也可能仅仅是简单的重复。"游戏"可能只是"玩"的颓废形式。

我们可以向凯洛斯借鉴的是他的游戏的分类。他提出了一种四类分类法:竞争游戏、运气游戏、装扮游戏和迷惑游戏。凯洛斯本人偏爱前两种游戏,而认为后两种可能是危险的游戏,因为它们缺乏有约束力的规则和限制。凯洛斯认为法西斯主义产生的根源就是对其玩法缺乏有效限制。在当代由前两类游戏构建的世界已经实际存在,但并不平衡。对新兴的统治阶级而言,这世界就是第一类游戏,是竞争游戏。而对其他人而言,则是第二类,像《时代》周刊所暗示的一样。我们所玩的总是没有把握的游戏,因为我们永远都无法真正了解游戏规则。

凯洛斯在批评上表现出对受严格规则约束性的游戏的偏好,不喜欢自由、开放性的玩法,在1960年代恰好颠倒了。在美国兴起的"新游戏运动"在制作游戏时把规则减少到最低限度,鼓励合作性的游戏玩法。《地球》就是此类游戏的代表,这个风靡一时的创意来自伯纳德·德克文,他强调即使竞争性游戏也必须有合作才能真正玩得好:"游戏最基本的要求是玩出水平。"

欧洲出现的更具持续性的批评,源于重读赫伊津哈、乔治·巴泰勒、马克思和达达主义、超现实主义中的历史性前卫思想。"情境主义"的领军人物居伊·德波提出,真正革命性的任务是把城市所有空间都建成可以"玩"的空间,彻底铲除"工作"与"休闲"之间异化性的分割。他的盟友康斯坦特提出了"新巴比伦"的概念,就是要重新建构城市,目标就是一切都要方便"玩"。在阅读亨利·列斐伏尔的著作过程中,两人都受到了赫伊津哈和凯洛斯的影响。列斐伏尔描述的日常生活领域,就是人们结为群组,相互挑战的地方。他认为现代社会中的各种挑战,相当于古代社会中的赠品。

现在正是重新评价那些传统批判理论的良机。传统批判理论把"玩"视为"军事——娱乐复合体"中的中心范畴。"军事——娱乐复合体"也需要这种批判理论来认识其日常生活游戏中的腐败现象。我们可以不同意凯洛斯的观点,认为现在问题不是规则性强的游戏太少,而是太多了。现在我们根本无法逃离游戏空间的包围。针对1960年代游戏批评的激进观点,我们可以认为现在"玩游戏"已经不再是纯粹意义上的"玩"了。游戏的"存在"与"玩""相适应",进一步相互作用,相互生成。换言之,我们可以概括出德里达的《结构、符号和游戏》的观点。

然而,如果一定要强调什么,最好是把"玩"归为基础范畴,把"游戏"项看做补充。布莱恩·马苏米《虚拟的寓言》很能说明问题。"游戏"不应该是"玩"的存在条件,而是正相反。如果"玩"是纯粹的"差异",而游戏则标记和分辨根据相同原则进行区分的"差异"。马苏米在《虚拟的寓言》举了足球为例。在足球比赛中"玩"类似球场里不断流动着的波浪,很难区分出主体与客体。但"玩"的结果总表现在数字上。球可以是进或不进,运动员可以是越位或不越位,球队也可以得分或不得分。"游戏"成为一个"适应"变成了"存在",流动变成了主客体分明的空间。我们不仅在"界面"上,而是作为一个"界面"本身在玩游戏。

  这种观点有点晦涩,但又非常关键。它能够帮助我们理解为什么在数字时代,游戏会成为文化的重要形式。我们生活在一个新统治阶级正在生成的时代,该阶级需要一种新的私有财产形式,不再是一块地、一家工厂或一间仓库,而是如"拉克斯媒体小组"所称的"思想的雨林"。斯蒂芬·沙维罗写道:"数字化与私有化携手并肩。这是马克思所说的原始积累的当代版本。"

  一个强势的数字"矢量"的兴起,尤其是在财产和战略领域的数字"矢量",是游戏,特别是竞争游戏和运气游戏,扩散的根本原因。杰克逊·里尔斯在其《不劳而获》一书中指出,在美国文化中一直存在着竞争与运气、前生注定与幸运之神眷顾、新教徒与万物有灵论者之间的紧张关系。用雷蒙德·威廉姆斯的话说,我们的时代见证了竞争游戏和运气游戏由从属走向主导文化形式的过程。

  究其原因,是我们目前所处的节点上,财产、战略和数字技术的同源性成为我们组织全部生活的基础。"存在"的每个方面都处于依附、限定和分割状态,已经成为当下的常态。棋盘或者网球场是目前正在形成的"第三自然界"数字世界的模型,这是一个整体的抽象空间,也是一个统一的游戏空间。

  边界不是划在新修剪的草坪上的白石灰线,而是由全球定位卫星划定的无形的界线。对GPS而言,地球的表面岂非一个大棋盘!每一寸的土地都被分割、限定、束缚着。地球的表面也不仅仅呈现地形地貌状态,可以通过书写、地图或名称来表示。它已经成为拓扑结构、逻格斯空间本身,只是还受到一定限制的特定类型的逻各斯空间。

全部地表已经变成了一个游戏空间，或者说是两种相互重叠和交集的空间，即商品空间和战略空间，欲望与"安全"空间。在我们正亲身经历的这个时代，战略空间占据着支配地位。入侵伊拉克无疑是其象征。但在如今很多人表示怀念的克林顿执政的美国，还可以说属于商品空间主导时期，也被称作自由市场经济的"公平竞争"时期。

在美国军方开始使用一款在线计算机游戏作为征兵的一种工具时，引起了很大反响。你可以免费下载名为"美国军队"的射击游戏。但很少有人会注意到，游戏是如何寓指作为生活方式的游戏空间的意识形态内核，已经渗入日常生活的各个方面。"暴力"并非游戏的内在逻辑，但受制于分割、限定状态的数字技术逻辑，差异性逻辑则是游戏的固有逻辑。

游戏的辩护者们经常以"模拟人生"系列游戏为例，说明不能简单地认为游戏文化就是暴力问题。其实更值得注意的是"美国军队"和"模拟人生"的共同点：人生的全部都被压缩成了数字，而数字的原则也延伸至人生的全部。

剧透！奥森·司各特·卡德的科幻小说《安德的游戏》特别受到喜欢军事模拟游戏者喜爱。当然，事出有因。小说讲述的是训练一群孩子如何与外星人战斗的故事，特别是其中有一个孩子在饱受新兵训练营的虐待以后，拼命通过计算机游戏向外星人发起了无休止的模拟战争。但结果发现孩子玩的并非模拟，而是真正的战争。数字游戏的"形式"，无论内容如何，现在就是日常生活本身的形式。

我绝不想有任何暗示所有游戏都是不好的。我倒想回到赫伊津哈提出的问题：究竟一种游戏文化是鼓励一种审时度势的、创造性的"玩"，还是一种"颓败"的形式，把"玩"变成无聊的重复。此时又该回放财产的问题。马克思曾经说过是人民创造历史，但并非用他们自己选择的方式。现在不妨这么说：是人民创造了"玩"，但并非玩他们自己选择的游戏。

游戏一旦变得"颓败"，就把"玩游戏"变成了休止的反复。换句话说，"颓败"游戏把数字推到一个排斥任何差异形式的位置。1950年代，"情景主义"批评者认为游戏可以对"社会工厂化"、对商品形式延伸到日常生活的方方面面，起到批评杠杆作用。他们发明了一些在城市里的"玩"法，作为他们构想的新城市的组成部分，免得再出现更多庸俗的游戏。

但他们所始料未及的是，今天这些"玩"法竟被猎获并成为商品化的帮凶。"玩"本应该是充满创造性的过程，现在却被同一类的形式不断重复利用："商品空间"和"战略空间"形式。对游戏形式的模拟生成出游戏的数字化。问题是数字化是遏制还是助长差异性？

"情景主义"者发现"玩"有更多可能性的空间是城市，是"可寻址"的空间。他们儿童时代见证了战争岁月，特别了解空中侦察及其后果。但他们发现了一些"玩"法，不仅利用，同时还要防范城市的"可寻址性"特点。21世纪"先锋运动"的赌注就是，强势的"矢量"存在的"可寻址"空间，也可能是"玩"的空间，既离不开数字，又要防范数字。

亨利·詹金斯对他称作"聚合文化"空间的"玩"颇为赞赏，这是众所周知的。文化产业的产品，不论是奇幻小说、电视系列剧、游戏还是喜剧，又变成创作新故事或社会的原材料，消费者变成了生产者。但这岂非更像是"'武'化产业"？在硬件生产"外包"到中国的同时，是"内包"他们本国消费者休闲时间的"内容"的生产。这属于利用"矢量"空间但并不对其防范的"玩"。还有一条不同的路径，从"电子骚扰剧院"、"电子玩具"（Etoy）到"4Chan"、"匿名者"、"LulzSec""维基解密"，还有其他一些匿名或用假名的团体，和"情景主义"者一样，它们即利用，又防范"可寻址"空间。

凯洛斯曾提出过非常有道理的警告说，幻想有单纯的"玩"或者"玩"单纯的幻想游戏，都是危险的。"玩"是不知道适可而止的，只要是身边常有小孩的人都有体会。凯洛斯特别厚"竞争游戏"、"运气游戏"而薄"装扮游戏"和"迷惑游戏"，似乎是针对乔治·巴泰勒而为的。因为直到二战后，他仍孜孜以求那些能够摈弃自我、触及绝对权力之"不在之在"的仪式。但凯洛斯并没有预见相反的危险：游戏的那些束缚与限定借助数字技术将与财产统治并存，游戏空间有可能变成一个统一体。

"模拟人生"的网络版本并不是特别流行，部分原因是菜鸟们很快就被一些专门骚扰新手的"骚客"们视为"马克",并受到欺骗或戏耍。"老千"则是沿着"矢量"边界线不断前进的人物。"马克"源于本·马克斯,他当年发明名为"大商店"的假店面招牌,专门设在铁路沿线城镇行骗。格雷海姆·帕克记录:"这些商店和美国基础设施建设的快速全面发展时期是一种共生关系,在美国铁路发展的黄金时期赚了大钱……。马克斯是第一个提出与铁路受贿者'移动寄生'逻辑的人,而且也敢于随着主体的增长而增长。"

现实中已经广为存在的游戏空间和思想上的游戏空间区别在于,思想上的游戏空间应该遵守"公平竞争"、适者生存的原则。然而现实生活中的大玩家们掌控着仲裁权。今天的剥削方式是,貌似与其对手公平比赛,其实大玩家们随时可以修改不利的游戏规则。这就是"放宽管制"的真实含义——国家甚至连名义上的仲裁者都算不上。

2008年的金融危机之后,这种趋势显而易见。大多数银行都得到几乎是无条件的金融救助,而普通的抵押权人得到只是象征性援助而已。如果你的赌资只有几十万,压在住房上输了,那你就是愿赌服输的"马克";但如果你赌资是几个亿的抵押贷款证券,赌输了也有人埋单。

大卫·格雷伯指出,历史上,发生债务危机时总是债权人埋单,因此经济活动还能得到恢复。但2008年以后的欧洲和美国并非如此。是证券持有人说了算。"矢量"阶级的两大生产部门,战略和物流,都被第三方挟持了。第三方不仅利用"矢量"的权力确保对各种货币形式流动的控制,同时控制关于价值的信息的流动。

假设你在玩电脑游戏。在游戏中既有要躲避的障碍,也有需要你发现的目标。有加分项或减分项。唯一问题是,你的对手在你之前就先了解这些障碍或目标的位置和价值。更糟糕的是,你的对手竟是关于某些价值的信息源,而且可能不会直截了当地告诉你某些信息。过度发达世界的颓败之处就是以游戏的态度玩游戏。这就像球员和裁判都赌比赛,各方都只考虑自己的利益,没人真正关心踢球本身。列奥纳多·科亨是这么总结的:"每人都知道骰子灌了铅,我们也只有祈祷好运的份儿。"

有鉴于此,显然需要两种类型游戏政治。第一,改革型政治,关键是恢复国家作为游戏的中立仲裁者地位;接受普通老百姓进入战略空间和商品空间,特别要坚持大玩家和所有其他玩家按照相同规则游戏。任何一个国家除非得到联合国允许,决不能在未遭到挑衅的情况下进攻其他国家。"矢量"阶级的金融部门不能为了自己的利益,以牺牲创造性投资为代价,对游戏进行操控。在该政治景象中,"玩"仍从属于"游戏"。历史就是游戏空间按照自己的思想原则不断扩展和深化的过程。

第二种可能的政治愿景是,把数字从财产内的身份解放出来,把具有创造游戏空间的能力者视为一种新型民众。"玩"也从专制和错误的普遍游戏空间中解放出来,也许可以重新回到赫伊津哈所倡导的角色,成为制造差异性的动力,活跃在本身就在制造差异性的"对拓端"之间。

2011年的"占领华尔街"事件就可以被看做此类的"玩",当然还包括此前发生的规模更大的埃及开罗的"解放广场事件"。此类事件占领的不只是具体的空间,同时也占领了抽象空间。在此场合下至少暂时出现了一类新型民众。当然此类事件重要的是结局。在两处占领和其他一些事件中,事情一旦发生,之后的行动和走向才是关键。而通常结果是游戏空间占"玩游戏"本身的上风。但无论结果如何,都不能不做尝试。现在的"大游戏"已经不再是阿富汗了,当然阿富汗还占有一席之地。现在"大游戏"的对手是那些把"游戏空间"当作游戏的人,必须终结那些试图发明利己规则的"玩"法。

至此我一直在像空中侦察一样,努力从"上方"俯瞰着游戏空间的全貌。但在游戏时只有默默祈祷好运的份儿是何种感觉呢?大卫·苏德诺在《微观世界的朝圣者》是一本非常棒的"玩"的现象学著作,也是我想推荐的第三本经典之作。苏德诺曾经是民族学研究方法学者,后来不知何故脱离了社会学专业,竟靠教钢琴为生,而且还有自己独创性方法。《微观世界的朝圣者》从人种学的角度对"玩"的体验,包括人在数字世界里与"玩"的关系进行了细致入微的描写,但不脱离个人实际经验的叙述框架。这样就能提供一个以认真对待"游戏客"的观点作为叙事的出发点,然后由表及里,通过一个"军事——娱乐"复合体所制造出来的关键人物的视角,展现"军事——娱乐"复合体的全貌。

苏德诺按部就班的记述了自己蜕变成"游戏客"的过程。这是一个如何把游戏的目的内在化的故事：如何训练自己的感觉，如何把运动技能溶入各种感觉中，如何把感觉溶入游戏的反馈环节等等。这些都训练成下意识的行为。像学习弹钢琴，其实也是一种运动，是训练神经和肌肉，是不断开凿出神经通道，以加快人类和非人类回路间的相互作用。这也是在训练一种"付出——回报"循环，使之成为可预测的游戏的圈。一个"游戏客"是为了可量化的报酬而活的。"游戏客"的个性或者说"界面"，好像龟甲，能帮助训练后的身体感觉到训练效果。

继苏德诺、赫伊津哈、凯洛斯的著作之后，我要推荐的第四部关于游戏的经典作品非伯纳德·苏伊茨的《蚱蜢：游戏、生活与乌托邦》莫属。研究游戏的作者经常会引用本书中的游戏分类方法，但忽略了其他两点，其中大家不会觉得太奇怪的是该书最后特别描述了"乌托邦"社会状态。书中也介绍了前面谈到的身体对训练效果的反应，还要求玩游戏的报酬不应该只是获得积分而已。

读者会觉得更不可思议的是，书中讲述"乌托邦"的是书名中寓言人物蚱蜢。或者更准确地说是蚱蜢的助手们叙述的。蚱蜢喜欢玩游戏，竟放弃了储存过冬食物，结果丧了命。他的学生蚂蚁们像当年柏拉图，重构了它们师傅柏拉图式的会话。苏伊茨书中已经意识到离好的生活还有距离。在过度发达的世界，如果要重写本书的话，就应该颠倒人物命运——死去的应该是那些勤劳的蚂蚁，因为我们都更像蚱蜢。我们都消费着"玩"，当然它也在消费我们。

这部相当精彩的作品记述的是另一个时代。加罗韦和萨克尔指出："现在网络在发生着规模的变化，目前网络世界核心问题已不再是行为个体或者节点的具体行为，而真正重要的是整个网络系统这种行为的分布和分散状态。"现在网络世界需要的人物，与蚱蜢和蚂蚁都不同，一方面不再需要复原到一个整体状态，也不需要拥有一种技术。他们是具体的、地方性的，不再具有现象学意义。

批判理论越来越重视扩大批评对象的范围。在批判理论不再将自身囿于工人阶级的立场认同之后，也逐渐接受曾为自身之起源的小资产阶级立场。它脱离了一种无关痛痒的人文主义传统，不仅从阶级，而且从性别、种族、性征等角度理解人物类型。但为什么就不能更进一步呢？为什么不能也包括那些晚期现代性所生成的人群呢？为什么不能接受那些不再只表现为主体间相关，而且也表现为主客体间相关的人物，即"交互面孔"呢？

有两类"交互面孔"特别让我感兴趣："游戏客"和"黑客"。他们都是"军事——娱乐复合体"的产物。两者都主要跟"玩"的问题相关。"黑客"身上还保留着自由自在地、创造性地，按照自己的玩法去"玩"的浪漫主义思想。"游戏客"作为一个"交互面孔"，有一个优势就是无需考虑"交互面孔"自诩的立法者身份。"游戏客"可以身处游戏之中玩"游戏"，他拥有"对拓"身份：从游戏的内部对抗游戏。

赫伊津哈和维凯洛斯都分别支持作为"交互面孔"的"游戏客"和"黑客"，相互之间也有话要说。作为终端的"游戏"本身，有可能走向"颓败"，而目标狭隘的"游戏客"则可能有作弊行为——"游戏"于游戏之中。另一方面，"黑客"喜欢信马由缰，驶入荒野之中，不受必要之约束。正是这些约束不无悖论的在朝向生产的方向影响着"玩"的反生产性。

由此将会转向相反的方向，进入现在已经确立地位的游戏研究领域。该领域借助伊恩·博格斯特的"程序主义"大旗下的著作得以建立。博格斯特不无道理的坚持认为，游戏由其独特的形式上的特性所界定。一种游戏所试图传递的价值隐含在"玩"的步骤的设计里。这样的后果就是赋予制定游戏规则极其衍生的游戏步骤的游戏设计者一些特权。博格斯特还指出游戏形式上的具体特质，可以说是向前迈出了一大步。但又重提游戏作者的人物角色问题，这并无新意。毫无疑问，游戏的设计者是偏爱这种"游戏步骤"观的，即使这种观点把他们和其他"矢量"权力的仆人们都归为游戏空间的设计师，而不是把他们当做试图"游戏"甚至"黑"体制的同谋。我们很快就会发现，究竟谁经得起历史的检验。

写于西班牙希洪港

10. 历史终点的礼品店

语言学转向、"能指"的统治地位、模拟艺术、日常生活符号学、景观社会:后现代似乎降尊纡贵,变成了漫天飞舞的符号与标志。也许这是个误诊。没准就是我们误以为那些"新闻速递"代表了时代精神。特里·伊格尔顿说得好:"文化理论中语言角色之所以高高在上,是因为知识分子犯了天然的错误,正如喜剧小丑们普遍具有一种忧郁气质。"

后现代究竟是怎么回事呢?在 21 世纪之初,甚至本科生所知道的是这个词本身已经过时了,好像你小时候某个阶段的可笑的发型一样。但恰恰是因为"后现代"的"悲惨"境遇和"忧郁"的特质,使我们今天有必要对其再作剖析。先稍作预示:也需"后现代"是带着最好的愿望,尽管未必有最好的结果,试图解决两大难题:第一,我们究竟该如何解读历史?第二,历史究竟把我们怎样了?至于历史是什么?我们是谁?这两个问题又必然涉及到其他一些问题。

"后现代"符号的泛滥与其说是其症状倒不如说是综合征。"后现代"概念本身就是一堆异质性的符号,它们似乎相互之间有家族性相似之处,但又不能简单地归结为一个统一体,也不应该被斥为毫不相干的"杂烩"。其中有一些,肯定不是全部,也许有一个共同的"有机的"起因,但对该起因还需要进行准确的诊断。

它与商品形式的变异有一定关系。知识分子对"含义"的意义的痴迷也许与商品由一个"物"向一个"形象"的突变有关系。但这是否只是资本触角的延伸呢,是它形式上裹挟着社会,对大自然和"无意识世界"进行"殖民"活动,或者它就是商品形式本身的变异呢?也许现在并非"晚期资本主义"阶段,而是其他什么阶段呢?

"后现代"对现代的承继很普遍。"现代"把自身变成了许多"表面",而且在形式上被平等对待,因此原来被视为中心或神性人物都回归平凡。"上帝死了"成为严重病毒感染。不过一切安好,只是这种"后现代"风格依然守着一堆已经破碎的形象不愿离开,甚至都不愿尝试解释一下这些"表面"是怎么制造出来的,包括已经沦为一种"表面"的批评本身。

　　也许我们时代所需要的并非一个承袭着"现代"的"后现代",而是一个承袭"后现代"的"现代"。"后现代"帮助"现代"恢复其一个全球性和历史大转变时期的应有地位。我们发现,旧的权力并没有被驱散为新的权力分配腾出空间,而新的文化秩序却正经历苛刻的批评审验。也许现在又是一个该具有毁灭性力量的人物出现的时代,把这个时代所有成见彻底清除。我们已经见识了这种人物,或者说是"交互面孔"——"游戏客",但也许还存在其他此类人物。

　　"现代"只是一种"映象",更准确的说是一种特殊类型的符号。詹姆森指出:"'现代'……是身处当下,以期更迅速拥有未来的一种方式。"所谓回到"现代",只能是策略意义上的,是一种处置由于"后现代"的进逼导致的"暂时性的碎片化"的方式。"现代"的策略性回归也许只有一个要完成的任务:战胜"现代"自身及其追随者。"现代"了不起的长处是随着时间的推移,自然地颓败、消失了。德波认为:"理论一旦构建出来,就等着丧生于跟时间的战争了。"

　　一个缜密的后现代理论必不可少的前提是绝不再庸俗地谈论什么经济基础和上层建筑。该话题本身足以成为"后现代"理论回归到显然已经落后的"现代映象",尤其是空间而并非时间性的。我们不难体会到知识分子和艺术家们感受到的痛苦,因为一个"映象"造成他们存在意义的边缘化,只能漂流在上层建筑之中,等待历史的评判。正如神学家们都不愿意相信一切都是围绕着太阳而不是地球运转,知识分子都不愿意听到有人对他们说,历史并不是由知识分子推动的,而是由于生产工具的发展导致的生产关系的变化而推动的。如果每个知识分子的根本信念是太阳按照他个人的意愿而照耀,不难想象那些相信宇宙"日心说"的人会多么震惊。

如果我们能放弃自以为是的叙事方式，认真研究现代社会的经济关系变化，反而可能发现一次全新的思想之旅。也许让我们倍感不快的并非是"晚期资本主义"概念，而是一个脱胎于"晚期资本主义"矛盾的新阶段。也许我们正期盼着一类新人物的出场。他们不可能与我们没有联系，即使处在"矢量"时代，我们也不再把无产阶级视为"历史进程中的同一主客体。"

"现代"作为一个历史时期的独一无二的概念，长期经受着与其说是被解构，不如说被摧毁的过程。各种不同"风味"的思想曾试图取而代之，但结果总是力不从心，似乎满足于在"现代"的废墟中建一个礼品店即可。而当代关于历史时间的文化思潮尽管有自身局限性，仍然不遗余力地尝试画出宏大画卷，但又找不到合适的思想工具来进行批判的表述。"后现代"概念也许强行把历史和整体性的"现代"范畴分开了，填补其空白的却是让人耿耿于怀的"全球化"概念。

亨利·弗林特指出："为现代艺术辩护正是无可救药的庸俗之辈们自诩的勇敢之举。"我们是不会去为之辩护的。但这些假设还是会带着我们穿过长长的阶级和历史问题的弯道，绕回另一条不同的思想路径：先锋派究竟怎么了。从"未来主义"到"达达主义"、"超现实主义"再到"情境主义"，该发展脉络反映的是发轫于美学体制内对美学的反抗，试图战胜传统美学然后取而代之。结果它们搁浅于"思想"行为难以克服的"不可能"之上：角色的匮乏以及与阶级概念的难以割舍的联系。"后现代"把所有包袱都扔给了"过去"。也许"先锋派"都还活着，只是选错了生活的地点。

思想和艺术在大学和博物馆内找到了挺合适的位置，但苦于找不到摆脱制度性专横之无情压力的合适距离。一些曾经具有批判性的或至少可供选择的思潮，经过一番打扮后重新粉墨登场，成为资产阶级文化现代形式的更新版。而那些"现代"时期"的先锋派"，结果成为资产阶级文化内部的"忠实的反对派"。至少它们愿意做反对派，而且不辱其历史使命，把资产阶级文化推向了新的更适当的形式。这种必要对抗性也许今天不存在了。曾经的批判理论，今天成了"虚评理论"。

现在也许到了该弄清楚眼前的情形怎样才能过去的时候了。充分利用历史和"整体性"的现代叙事的残存物,也许我们能拼凑起比"废墟中的礼品屋"更有价值的东西来。这在方法上要有逆向思维。与其把"现代"强行从尚未经深思的一些可以加以利用的当代意识分割开来,不如借用"现代"遗赠我们的一些理论和修辞方法工具,来思考和认识当代。

还有一个可以逆向利用(也可能误用)的,主要是通过"空间"而非时间的反转,是"后殖民",而不是"后现代"的资源。"过度发达世界"的"后现代"阶段,表现出来的是"山穷水尽"景象。"宏大叙事"——马克思主义的代码词——已经成为过去。历史已经不再是以"过度发达世界"为中心的"单一性"运动,因此也就没有了"单一性"历史。各自书写自己的历史吧,让历史之花遍地绽放。

即便如此建构历史,其中仍透露出一种自大。如果历史的书写不再以"过度发达世界"为中心,那么可以说历史就已经不存在了。现在要做的就是接受此时此刻于无论何处发出的言论和做出的行动,在形式上都是平等的这一前提,借此解除我们批判性思考的负担。"当代"也纯粹是一种形式的概念。它表面上呈现自由主义的姿态,承认现在的边缘地区与过去的中心地区是平等的,但实际上还是掩盖了老中心地区地位的日渐式微。在老的边缘地区崛起了新的中心地区和其他重要地区,世界历史正穿行于它们中间。

如果历史仍旧存在,只是存在于别处,结果又如何？如果"过度发达世界"只不过是一条历史的死胡同,真正重要的事情都取决于千千万万,正忙着为我们建造着"第二自然界"的中国产业工人的抉择,结果又如何？而如果历史拥有一整套全新类型的"空间性"呢？在这样的历史中,构建了无数的"回路",交织穿梭于一个分化的世界,但并不会把世界"统一"起来,也不会导致一切平等呢？这些问题都需要批判思想的回归,因为时间和空间发生的诸多变化,迥异于现存学术或艺术界的制度性本能。

制度内部的压力永远试图把世界分割成无数的条条块块,然后像个人财产似的分给每一个专家来管理。现代"宏大叙事"——马克思主义——的倾覆,使制度世界又回归安全状态,专家们又可以安心于自己的营生了。究竟哪些能够为这种按传统模式划分的领域收入门下,斗争还是颇为激烈的,丝毫不该被轻视。究竟亚洲的艺术、非洲的艺术、或者其他美洲的艺术能否被制度的技术所接受,成为世界图像的一个片段,还是值得关注的问题。但这样做还算不算一个批判工程就值得怀疑了。也许批判思想为我们提供了回归历史性思维的资源,但它自身还不能成为前文所述的那个选择。因此前缀"后"字总是挥之不去——"后现代"、"后殖民",而对新的世界(无)秩序的命名也难免会犹豫不决。

艺术和人文的制度世界并未能为历史终结的逻辑提供其他选择。自由资本主义模式及其侍从普世性资产阶级文化的胜利,并未得到这个世界的普遍接受,但也几乎没有被谁断然拒绝。潜规则就是:"打不过,就入伙。"为了给普世性资产阶级文化施加一些压力,使其不辱其普世的高调承诺,"差异"文化只好接受前者施舍的残羹剩饭,甘当其合法性的一块招牌。

面对眼前这个犹抱琵琶半遮面的新世界,有人提出了一个综合性的视角,可作为一个主要参考模式。它认为新世界正在进行一场帝国与"流民"之间的大规模斗争。哈特和内格里准确地把"后现代"视为一种综合征,进而对其进行"历史构成"作出诊断。但他们也为此付出了高昂代价。不仅新通讯模式的物质性基础不足以支持这种新的"历史构成",由此产生的,并推动其走向新的矛盾运动的新"阶级构成"并未在新历史叙事中清晰展现。

内格里指出:"革命竟如此姗姗来迟。"在很多方面,内格里和他的同志们所期待的那场革命和今天面临的情况相同只不过被位移到了一个全球化的领域。对革命未能如期而至,利奥塔深表失望,而波德里亚义无反顾的完成批评思想的内转,认为革命完全是个幻象,因此对之不屑一顾。内格里选择的是撤出赌资,另寻赌局。内格里的姿态比利奥塔、波德里亚、甚至德勒兹的漠视态度显得更为乐观。

有鉴于此,完全放弃历史唯物主义的理论框架,改用其他概念来思考历史性时刻就不乏诱惑性了。但困难在于,这样一来,必然会陷入学科专业的碎片化思想困境。马克思主义批评确实在衰落。推动革命的煽动变成了对推动的革命性的煽动。但"革命"一词的魅力犹在,因为它至少在概念上与世界历史工程密切相关。

也许我们可以选购其他品牌或款式。对如何脱离历史唯物主义范畴进行思考,同时保留一个更大范围的工程,此处适用的是生态工程。布鲁诺·拉图尔提供了一个令人出乎预料的例子:他指出,现代是由政治话语支配下的主观物和由科学话语支配下的客观物共同构成的一种二元构成。这两种构件形式上虽然相互分离,但实际上以各种奇怪的方式混合、勾结在一起。小布什政府禁止干细胞应用研究就很好地反映两者之间的矛盾和紧张关系。

欧洲思想发展的进程恰恰反映欧洲在冷静思考宏观图景时的激进性。其结果不仅没有反转,反而丰富了对世界叙述中的历史唯物主义成分。"构成"一词立刻能够激活我们原有的马克思主义本能,特别想看看拉图尔是如何解释究竟是哪些社会力量导致思想发展历史的二元构成。

拉图尔发现的这种政治构成与技术构成之间的分离状态,也许恰好是居伊·德波所称的"景观社会"构成原则的一个特殊个案。尽管德波的思想中不乏愚蠢与偏颇,他至少敢于在充分了解当时潮流性思想模式的基础上提出一种逆时的新历史思维模式。他重拾当年被摈弃的"冲突"概念,在进一步探索基础上并加以扬弃,倒也有可取之处。

当下所需要的行动,不妨可以采取退两步进三步的策略。也就是从内格里退回到德波,而前进的步伐则包括认真的审视景观范畴,看看它究竟对被内格里和哈特所忽视的历史唯物主义的思想提出何种转型问题。德波的理论和实践中都涉及了通讯的转型力,尽管对其究竟如何转变阶级力量和和生产过程问题并未给出合理的解释。问题是如何走出后现代美学概念的"聚居地",不能再换汤不换药,仅从"政治"层面反思,而是在审美经济的基础之上确立美学转向。

一个著名的"情境主义"口号呼吁"走出 20 世纪。"但眼前能够真正走出 20 世纪 60 年代实属不易。回到德波也许是从 60 年代,或者说从 60 年代的某种概念中抽取一种虚评理论的途径。我们必须牢记 60 年代既是中国文化大革命的年代,也是印尼共产党滥杀无辜和苏哈托崛起的年代。从这些事件中我们并未感觉到60年代的浪漫主义情调。德波的魅力所在绝非是他断然拒绝铁幕东、西两侧的景观性或者他对后殖民时代铁腕人物的极不信任。

马克思说过,反抗活动的着装和语言初始似悲剧,复归为闹剧。但如果要试图在60年代西方发达国家的反抗活动与89年前后的系列事件确定关联性的话,也许和马克思的说法正相反,即始于闹剧,终于悲剧。1989年不仅可能标志苏维埃帝国的前沿国家,比如波兰、匈牙利、捷克斯洛伐克和东德的普遍转型。与此同时可能也标志美帝国前沿国家和地区,如南朝鲜、台湾、菲律宾和印尼的转型。其他转型还有北京被挫败的反抗、南非结束种族隔离制度和一些重要的美洲国家转向民主制度。

这算是好消息。景观的双方在边缘交汇地带被撕裂之后,造就出一种融合的景观。德波的话是:(景观)正如其所描绘的一样变成了现实,而且在其描述的同时不断进行自我重构。但悲剧性也许是,冷战紧急状态的结束打开了一片空间,产生出一种全新的空间性。由于打开了那些集权国家封闭状态,矢量信息得以流入,为之后全新的商品经济时代的到来铺平了道路。这些民主革命摈弃当时存在的各种政治经济模式,包括资本主义本身。看起来奇怪的是,资本主义制度在冷战结束后通过自我更新取得了成功。但商品经济自身已经经历了从农业阶段向生产和资本阶段的过渡。为什么不能再有一种新景观呢?关键在于理解历史发展的动力所在。

一个阶级的崛起——工人阶级——能够质疑私有财产存在的必要性问题。在工人运动过程中一个政党崛起了,并宣称能够满足工人阶级的愿望,这就是共产党。马克思写道:"在所有这些运动中,他们都强调所有制问题是运动的基本问题,不管这个问题的发展程度怎样。"共产主义者提出的解决财产问题的方法则是"把一切生产工具都集中到国家手里。"而国家对财产的垄断只能造就新的统治阶级,导致新的更加残酷的阶级斗争。但这又是最后的答案吗?也许阶级斗争的进程并未结束。也许还有另一个阶级,能够以新的方式开启财产问题——而且在保持该问题开放的同时,一劳永逸在历史终结之处彻底终止统治阶级的垄断问题。

在我们所置身的后——后世界,存在着阶级动力驱动其每一个发展阶段。我们时代的统治阶级正在把世界推向灾难的边缘,但同时也为当今世界克服其走向毁灭的趋势开放了资源。在商品化过程所经历的三个连续性阶段,造就了迥异的统治阶级,它们窃取不同类型的私有财产。每一个统治阶级相继把世界推向越来越抽象的结局。

首先兴起的是农牧主阶级。他们赶走那些过去长期为封建地主耕作的佃农。农牧主取代了封建地主,把自然界占作私有财产,释放了大自然的生产力。这种财产的私有化——合法的黑客行为——又为其他黑客行为创造了条件,使土地能够产生出剩余价值。在农业黑客的肩上站立起一个矢量世界。

由于新抽象形式的出现,从土地创造剩余价值所需要的农民数量越来越少,于是农牧主阶级把多余的农民驱离了土地,剥夺了他们的生存所依。这些一无所有的农民只能来到城市讨生计。资本家的工厂是多数人的选择,由此农民转变成了工人。拥有资本者构成了资产阶级,他们占有着生产工具,而无资本者使用着生产工具,也就转变成了工人阶级。无论是作为农民还是工人,这些直接生产者发现他们不仅被剥夺了土地,而且被农牧主以地租的形式和资本家以利润的形式,剥夺了自己创造的大部分剩余价值。

农民被剥夺土地转变成工人,而工人同样遭受剥夺。失去依靠农业生存之后,工人同样要失去他们的文化。资本在工厂里生产的不仅是生存必需品,也包括生活方式,即希望工人能够消费。商品化的生活还剥夺了工人的信息权利。传统上以文化的形式,在私有财产范围之外代代相传的信息被剥夺了,取而代之的是已经商品化形式的信息。

信息与土地和资本一样,成为被一个阶级所垄断的私有财产,这个阶级就是矢量阶级。之所以如此命名,因为他们控制了各种矢量,对信息不断进行抽象处理,正如资产阶级控制了进行生产的物质手段,农牧主阶级控制生产粮食的土地。信息曾经是从事生产的阶级,包括农民阶级和工人阶级的集体财产,现在变成了另一个攫取性阶级的财产。

佃农在被剥夺土地之后转变成农业工人,但他们对自己的工作时间安排尚有一定的自主,能获取一些放松的时间。在工人阶级文化之内作为公共资产传播的信息为大家共有。而一旦信息转变成为私有财产形式,工人阶级就失去了信息所有权,而不得不从其所有者,即矢量阶级手中买回原属于他们自己的文化。农民成了工人,而工人成了奴隶。整个世界都在榨取由统治阶级控制的生产阶级所创造的剩余价值,而统治阶级则利用剩余价值来扩大再生产,从而加剧剥削行为。时间自身都变成了一种商品化的体验。

这些生产阶级——农民、工人、黑客——与农牧主阶级、资产阶级和矢量阶级这些剥削阶级不断进行着斗争,而这些统治阶级之间也不断进行着斗争。资产阶级拼命打破农牧主阶级对土地的垄断,试图把用于农业生产的土地转为工业性生产。矢量阶级则试图打破资产阶级对生产过程的垄断,以信息流通来压倒产品生产。而这些统治阶级的统治方式也越来趋于越抽象化。矢量阶级甚至通过控制抽象物本身进行统治:"具有特殊优势的电子空间领域控制着生产领域的物流活动,因为原材料和产品的输送都需要电子领域的同意和指导。"

看看那些大公司的运营形式,就可以说明现在矢量阶级已经取代资本,成为主导的剥削阶级。这些公司普遍从生产领域撤资,因为生产已不再是其力量之源。他们的产品生产主要依赖一大批相互竞争的资本家完成。他们的力量源于垄断知识产权,包括专利权、版权、商标权等,以及它们价值再生产的工具:各种通讯矢量。信息的私有化不再是商品化生活的附属,而是其主导特征。"这种发展过程具有一定的逻辑性:首先一批优秀的生产商不再只从事实实在在的产品制造;其次,随着营销地位上升到他们业务的顶端位置,他们努力改变营销作为商务干预的社会地位,实现完全一体化。"随着矢量阶级的崛起,矢量世界也就完整了。

随着私有财产的形式从土地到资本再到信息的转变,财产本身变得更为抽象。资本财产解放了土地的空间固性,信息财产又解放了资本的某种特殊物体的固性。财产如此抽象的过程,导致财产本身加速创新的同时也可能带来新的冲突。阶级冲突引起关系碎片化,但又潜入一切可能具有财产关系的关系中。作为阶级之基础的财产问题,就成了无时无处不被关注的问题了。如果说我们时代的辩护者们似乎不再使用"阶级"一词，倒并非因为它已经在一系列的对抗和交锋中为另一个词所取代了。恰恰相反，因为它已经成为矢量层面的结构原则，因为矢量层面是以身份差异组织游戏。

  黑客作为新抽象物的制造者，对新统治阶级的重要性也在递增，因为后继的统治阶级越来越依赖信息资源。土地是不可能随意进行再生产的。好的土地自会成为稀缺资源，私有财产的抽象化本身足以保护农牧主阶级的租金。资本的利润依赖于更易于再生产的生产手段，主要是工厂和存货。在某些情况下资本企业也可能需要黑客来帮助其改进生产工具和提高生产技术，以确保其竞争力。信息是财产抽象化过程中获取的最易于再生产的物品。保护矢量企业竞争性的途径只有企业自身不断改进其信息的质量，并借此获取新价值。对变得越来越易于操控的以财产和稀缺性为主要特征的经济本身而言，黑客的服务倒变得越来越不可或缺。

  随着生产资料的日益抽象化，财产形式亦如此。财产的形式不断增加以容纳不断多样化的财产形式，并将其作等值处理。计算土地的等值，只需要划定边界，找到一种计算方法，将其作为一个物品交付于其主体。财产的复杂性以后会逐渐增加，但其根本原则是简单的抽象化。但若要拿什么来代表知识产权的话，仅仅把它置于不同的场所是不够的，必须作不同的定性处理。正是不同的性质才可能产生专利或版权，此处黑客阶级就有了用武之处。按照贝森的说法，黑客阶级制造"有重要意义的差异。"正是这种差异性驱动世界的抽象化，但与此同时也导致矢量阶级手中积聚更大的权力。

  黑客阶级崛起于信息向财产转化的过程中。财产形式上为知识产权，包括专利权、商标权、版权以及作者的道义权等。这些合法的黑客行为使其成为制造财产过程，因此也是制造阶级的过程。黑客行为还造就了一种有能力提出并回答财产问题的阶级力量，即"黑客阶级"。该阶级不仅有能力在世界上创造出新形式的客体和主体，也不仅创造他们可以被代表的新的财产形式，而且能够创造新型关系，包括新型财产，并对财产形式本身提出质疑。当黑客在进行财产的抽象化，克服现有财产形式的限制时，就认识到自己作为一个新阶级的地位了。

资本家阶级远比农牧主阶级重视"黑客阶级"，而"矢量阶级"又比资本家阶级更加重视黑客阶级。黑客阶级总是更倾向于选择站在更加抽象的财产和商品关系一方。但黑客阶级很快就感觉到，新统治阶级在确立其对前一个阶级和竞争对手的优势地位之后，总会加强对黑客阶级的控制，甚至否定一些黑客作为一个阶级应得的权力。尤其是矢量阶级，甚至不遗余力限制黑客阶级的生产力，不过前提是矢量阶级对新抽象作为其阶级内部竞争力引擎的依赖性在降低。当矢量阶级内部选择采取一致行动时，总是尽可能将黑客阶级的权力限定在黑客行为本身。

矢量世界有其内在动力，总是为了实现新的抽象目标而斗争，努力创造出新的选择自由。斗争的方向并非物的发展过程所决定的，而是取决于阶级间的斗争结果。所有阶级之间都交织着互相冲突、利用、妥协等关系。这些关系之间未必都是辩证的。阶级之间可能为了共同利益而联合起来对抗其他阶级，也可能暂时达成"历史性的妥协"。尽管会出现停滞甚至倒退情况，但阶级斗争仍推动历史走向抽象化，把抽象变成历史。

资本有时候和农牧主阶级联合，实现在资本家利益的主导之下，两个阶级利益的有效融合。在某个阶段资本也会与工人阶级联合对抗农牧主阶级，但在农牧主阶级解体之后，联合也就寿终正寝了。这些斗争在国家这个历史形式上留下了许多印迹。国家总是确保统治阶级利益的主导地位，同时仲裁不同阶级代表者之间的利益关系。

历史总是充满惊奇。有时也可能出于变化的需要，工人阶级与农民阶级联合起来将私有财产社会化并委托国家来管理，当然清算的是资本家阶级和农牧主阶级。在此类情况下，国家变成了集体的农牧主与资本家阶级，并在以建立于官僚制度而非竞争基础之上的商品经济框架内行使着自己的阶级权力。

矢量阶级发源于竞争性国家而非官僚制度国家。竞争性条件更有效的驱动寻求高生产力的抽象过程。知识产权的各种抽象形式的发展为黑客阶级生产抽象产品创造出了相对自主性，尽管这种生产力被限制在商品形式之内。

能将农牧主阶级、资本家阶级和矢量阶级联合起来的,只有阶级权力所依附的财产形式的神圣地位。每个阶级都依附于一些他们必须购买、占有但无法自己生产的抽象形式。每个阶级都日益依赖黑客阶级,因为黑客阶级能够找到提高大自然生产力的途径,因为他们能够发现大自然甚至"第二自然界"发出的数据的模式,更因为他们有能力制造出新的抽象形式,而人们通过这些新的抽象形式能够把大自然界更多地改造为第二甚至第三自然界。

黑客阶级人数不多,又不占有生产资料,发现自己经常生存于其下层的大众政治与其上层的统治阶级之间的夹缝之中。因此黑客阶级要么必须学会讨价还价,要么必须尽其所能,在夹缝中"黑"出属于自己的政治空间。从长期发展来看,黑客阶级的利益与那些能够从抽象化进程获益者,也就是那些被剥夺了生产资料的:生产者阶级——农民和工人阶级的利益一致。为了将可能变为现实,黑客阶级必须"黑"政治本身,创造出一种新政体,将大众政治转向"广众"政治,以致所有生产阶级都能参与其中表达诉求。

由于黑客阶级的利益所致,它很难联合大众形式政治,因为大众政治为了实现一致行动而不得不克服少数群体的差异性。大众政治总是倾向于选择压制由于各种差异性的相互作用而产生的创造性和抽象性的力量。黑客的利益并非大众所能代表,而是体现于一种更抽象的政治形式,这种政治形式表达的是差异性的生产力。黑客们能够用许多不同类别的体验制造出各种不同类别的知识,因此在与所有生产阶级相处和工作中的集体经验,使他们有潜力产生关于阶级形成与阶级行动的新知识。

一个阶级与一个阶级的代表并非一回事。在政治上必须警惕阶级的代表者被误以为是阶级本身,因为阶级的代表者只代表一个阶级的一小部分人,而且也不能代表一个阶级应有的多重利益。一个阶级并没有先锋队为他们代言。所有阶级都通过他们的多重利益形式以及行动平等的表达他们自己的诉求。黑客阶级并非一个名副其实的阶级,但有可能成为这样一个阶级。

在抽象化的进程中，自由可能会从必需品中剥夺出去。与其先辈们一样，矢量阶级也要寻求抽象化产品的稀缺性和边缘性，而并非大量的自由的生产。黑客阶级作为一个阶级的形成适逢其时：因为自由不再是必需品，也不再由阶级主导似乎正变得可能。内格里指出："这是个充斥政治危机、意识形态危机、生产力危机的世界；这是个崇高化的，流通失控的世界；但这究竟是怎样的世界呢？这不是一个划时代、超越人类过去一切体验的世界又是什么呢？……它可能在孕育毁灭同时孕育全部意义上的新潜能。"所需的就是"黑"出一个黑客阶级，一个有能力"黑"财产本身的阶级。而财产是套在生产工具生产资料上的锁链，也是意义生产力的枷锁。

迄今为止，阶级斗争一直决定着剩余价值的归属、稀缺性至上原则和生产增长的形式。但现在风险高得多。生存与自由问题并存。统治阶级不仅把生产阶级，同时把自然界本身转变成工具性资源，以至于对阶级的剥削和对自然界的剥夺都变成了不可持续的物化行为。一个被阶级分化的世界克服自身问题的潜力却迟迟未如期而至。

曾几何时，阶级政治主要涉及动员大众，至少动员能有效地代表大众利益的重要群体，比如工会和政党等。现在矢量作用的结果之一是，多种新的剥削形式，以被剥削者的名义可能发生，而无需借助行政和最终借助官僚结构。黑客阶级对政党组织或者大众前线组织毫无兴趣。它更愿意借助界面特有的策略采取行动。"剥削者创造出一种网络本体论的转变。"

"维基解密"和"匿名者"网站的行为能够说明这种策略的先锋特点。前者有自己名誉上的负责人，朱利安·阿桑奇，发生过一些难免的分裂和纠纷事件。"匿名者"的做法基本上名副其实。两者都主要依靠动员一个很小的群体，他们之间只有非常谨慎的联系，都能够获取大量非常敏感的信息并将它们公之于众。两者都利用网络建构中独特性传送和保护信息安全，或者阻断信息流动。他们在必要时都可能临时招用由一些仅有松散联系的角色构成的网络，这些角色可能只是临时参与进来，对其他共事者知之甚少或一无所知。如果他们要打出一个口号的话，很可能就是"信息也渴望自由，但锁链无处不在。"

其实线索已经现身了,不论是先锋派还是任何其他黑客们不断"黑"陈出新的领域,领导者总是那些能提出"财产问题"的力量——从"未来主义"到"达达派",到"超现实主义"到"情景主义",再到(可以选择你自认为的先驱者)"nettime.org"、"战术媒体"、"etoy. CORPORATION"、"批判艺术团体"、"好好先生"、"aaarg.org"、"4chan 社区"等等。只要敢于提出财产问题,给出有新意的建议,就有了社会变革的力量。

我们同样清晰地界定了永恒的资产阶级艺术的特征;资产阶级吸取同样的先锋派的时序,只是在美学领域剥去其对财产形式的质问内容。"新资产阶级"艺术同样认可新统治阶级的合法性,正如其前任认同旧的统治阶级的合法性一样,因此制造出的都是半神圣的稀缺性物品,即使这些物品已不再是艺术品,而是一些艺术安装。它们的差异在于这些新的物品缺少资产阶级艺术的"物性"的品质,比如光鲜的外表,或者艺术家的"手迹"。艺术已经沦为财产之间的纯粹的关系和单纯的信息而已。价值问题已经不在乎物质的支持。

如此执著的追求抽象化的确是个革命性的工程,但结果只是增加或减少新统治阶级的数量而已。而在美学领域,这是证明价值体系不再关心任何物质支持的证据。"新资产阶级"艺术在受约束的美学经济范围的成就,就相当于矢量阶级在普通经济领域所得到的结果。

虽然弗雷德里克·詹姆森曾经说过,货币看起来是最后仅存的"绝对物",但还有另一个绝对存在,那就是财产范畴自身。在缺失任何物质属性的情况下,艺术的意识形态功用就是把信息作为有价值的财产进行投资。如果说先锋艺术过去是资产阶级文化之内的坚定反对派的话,在其被选入制度内的艺术工具之后,也就开始入乡随俗了。但我们必须关注先锋艺术之死的意识形态意义。当今世界艺术的实现与压制工程的确呈现着新的形式,尽管官方工程是通过艺术来实现和压制世界。

"当代"的意识形态长期保持了现代意识形态,而后者认为无需坚持进步的历史观。艺术世界认识到如果支持现代的进步历史观,就是把资产阶级文化当成了历史命运的抵押品,因此就炮制出了"当代"这个新概念,将其视为"永远的资产阶级",这个新的文化星座可以不断更新的面具。

我们在布努埃尔的电影或巴特的神话学中都能遇到"永远的资产阶级"式的人物,但作为有问题的界面,仍可能被攻击为"历史的淘汰品"。

只有在关闭时间的视界之后,"永远的资产阶级"才完全浮出水面。在神学或遗传学的语言里,在保守或"自由"外衣的装扮下,也许"永远的资产阶级"在上帝或大自然界那里都获得了合法性。

但"永远的资产阶级"所面临的最大困扰是薪火相传的阶级斗争问题,在欠发达国家仍以传统的斗争形式为主,而在过度发达国家则不断翻新着斗争形式。当然还有新的问题:随着财产形式从土地到资本再到信息的不断抽象化,现在世界到达了一个新界点,即一个超越最基本需求的世界出现了。信息的扩散既困扰财产问题也困扰正当形式问题。信息渴望着自由流动,实际上却无处不被套着锁链。进步成为可能,从剽窃行为就能看出来。但剽窃究竟对批评实践而并非批判理论来说意味着什么,对究竟用什么来取代由来已久的现代"知识分子"问题,则是另外一个课题了。

写于宾夕法尼亚州费城

11. 从知识分子角色到"黑客界面"

> 我们这些迟到的文明……现在也知道我们也会终结。我们早就听说过许多完全消失的世界的故事,听说过一个个文明,它们所有的生命,所有的机器,都被匆匆逝去的世纪所淹没,早已难觅踪迹。
>
> 保罗·瓦莱里

依瓦莱里之意,问题的关键是人们如何看待时间。"现代"与其说是美学的一个发展阶段,倒不如说是关于划分历史阶段的一种美学。解读"现代"的关键是理解其事物从尚未完结的"当下"匆匆进入过去的行列"暂时性"。所谓"现代",不过是一个轮廓,一个难以逾越的时间意象而已。詹姆森指出,"人总是无法不将时间进行阶段划分。""现代"是一种非常特殊的符号,一种节奏,一个时间标签。"后现代"也是如此。它不过是一个必要的"他者",一个紧邻的"能指"。后现代就是"非现代"。但它还有一个重要作用:"现代"意义的解读不依赖它与之前时期"古代"的关联,而是依赖于和"后现代"的关系。计时的方式变了。鼓手将重音从前一拍移到了后一拍。

当前意识形态正不遗余力地赋予仅仅通过对时间的否定而界定的一些范畴某些积极的内容。卢卡奇指出:"现代批判哲学诞生于物化的意识结构。"考虑到自己的现代属性,现代情绪甚至把时间本身物化,以其之前的时间为界。后现代的批判哲学同样难以摆脱物化的万有引力,只不过加以更新而已。

"现代"对艺术家和知识分子都是巨大的诱惑。它竟从纯粹的消极力量中创造出一个积极的身份认同。正是现代主义者决定了哪些不属于现代范畴。那些属于过去时代的文化流动的沉积物就是非现代的。希望被寄托于一个空无之处，其特征是那些属于旧时代的艺术品还没有被雕琢出时间形状。

最终这个标记时间的消极过程开始消费自己了。节拍自身不断加快，其中竟出现了"元节拍"，其节奏如此美妙，足以令知识分子们只需模仿重复击打，就可以过上一段舒适的好日子。随着现代渐渐老去，"后现代"又开始了另一个消极之旅。

知识分子们不厌其烦地要赋予"现代"和"后现代"意义。属于现代的，就不属于后现代。他们列出长长的清单。一个小型产业应运而生，负责比较和对比工作。现代与后现代的名下都排列了长长的候选队伍。相互否定又相互支撑。相关著作如雨后春笋，但大多不过是昙花一现。

至今悬而未答的问题就是"为什么是现在？"。既然"现代"对时间问题情有独钟，这就难免具有讽刺意味。为什么重音会从现代之前转移到现代之后了呢？也许与消费文化有关，与模仿盛行有关，或者与高雅文化和通俗文化交集增加有关。答案都是不确定的，总无法令人满意，而且没有谁真正关心回答这样问题。文化专家们把问题踢给了政治经济学权威们，而后者毫不客气的又踢了回来。

问题并不是弄清楚究竟被知识分子确定属于后现代的是什么，而是确定这些知识分子本身的身份来源。在谈论文化时，文化仿佛可以被归入物体的范畴，有些知识分子从现在角度，有些则从过去，但所有人所描述的文化，不过是通过他们自我反射出的镜像。要回答"为什么是现在？"问题，最好的方法不是从文化客体角度，而是从文化主体的角度进行探讨。究竟发生了什么，导致重心从即将发生的某事（或某人）转向已经发生的呢？能够确定时期或时间的机器总是在向前移动着，总是向未来开放，已经消费了自己的代理人，关闭了这些人可以随意命名过去为过去的空间。

特别具有讽刺性的是，资本主义制度也许是转变的"地狱之火引擎"——"一切固体之物都化作了空气"，它本身却被物化了，仿佛一件跨越历史之物。它是现在,它是过去,它是将来,它是永远。这不仅是其拥护者唱的颂歌,甚至它的那些自诩的批判者都只得默认。现在他们至多只能做一些模拟性质的抵抗。西蒙·克里奇利指出,"难道抵抗本身不是对晚期资本主义的最妥当的反应吗?按照尼采的说法,它不是过于反动了吗?我们是否该放弃反应性的抵抗晚期资本主义,而应该寻求通过积极肯定的态度去思索其如此巨大的创造力和毁灭力?"但如此举动本身也许就需要一种超越当前历史时段划分的方式,超越晚期资本主义制度思维,寻找一种迥异的尚处在"早期"的什么呢?

假设商品经济已经度过了两个完全不同的历史阶段了,而"资本主义"只是其一如何?如此是否可以澄清一些概念,使我们可以把当前看做正走向商品经济的第三阶段?这样就可以用完全不同的方式重新构想时间划分问题。与其仅仅试图确认一个非历史性的虚构的资本是否符合永恒的"晚期资本主义"或"知识资本主义"或其他什么资本主义的条件,不如换个思考路径设想商品经济才具有更大的历史意义。它具有不同发展阶段,即使在时间上未必,至少逻辑上是有前后相继关系。而且从某种意义上说,它会走向终结。

商品经济的故事是这样的。最初是土地转变成为私有财产。土地归属问题的争执结束了。原来仍支配生产资料使用权的农民身份转变成佃农阶级。拥有传统特权的封建统治阶级转变成农牧主阶级,他们拥有土地所有权,从佃农阶级那里收取地租。这就是最早形成的"现代"阶级关系。

土地的转变导致大批农民离开土地来到城镇,在这里被新崛起的资本家阶级雇用为工人。资本家阶级占有生产工具和生产资源等私有财产。工人阶级不得不出卖劳动力给资本家阶级,而资本家通过劳动力成本与经过生产过程制造出的产品价格之间的差价获得利润。这形成第二阶段"现代"阶级关系。

"知识分子"(或"艺术家")在这些转变中占据着奇特的反对拓空间。知识分子既不属于此亦不属于彼。既非农民亦非农牧主;既非工人亦非资本家。他可以选择以乡村或城镇的名义发言,但只不过是阶级斗争发生场所的不同选择而已。但总体而言,知识分子属于现代,是现代性的代言人,以现代的名义言说,梳理其意识形态的藩篱。这一切意味着,在一定程度上,在把上述两次转变斗争之前的封建世界命名为过去。

现代艺术家及其阐释者,现代知识分子们不仅尴尬地被裹挟在资本家与工人阶级之间,也处在资本家和工人阶级代表的产业经济与农牧主阶级及农民代表的农业经济的夹缝中间。其危险的生存处境得以维持,依赖于其不断被指认为某种存在于重大历史性斗争之外的他者——古代的、传统的、前现代等。正如佳亚特里·斯皮瓦克指出,即便哲学本身也需要一个不擅理性的他者作为参照,帮助哲学校正方向。

既如此,在该领域内得到明晰化的一些目标,就可以用作应对现代体验不同方面的批判武器。现代知识分子可以拥护或反对"现代"。但不论持何种态度,其结构关系大同小异。问题是如何保持自己游离于两个并行的阶级斗争之外,比如如何保护美学领域或"公共领域"的开放。

艺术家与知识分子的这种对拓性、非主导的地位是一些重大信仰扩散的关键因素,比如信奉共产主义、法西斯主义或信奉反共产主义、反法西斯主义等。无需再重提"共产主义"。还有一些类似情况,比如信奉"为艺术而艺术",美学化生产中艺术从属于构成主义思想等。如果说有一个凌驾一切的信仰,就是对现代性本身的信仰,或许根本不是出于觉得知识分子和艺术家范畴本身就是最大的年代误植而产生的令人不安的感觉。

如果"资本主义"并非商品形式不断抽象化进程的最后一个关键词呢?如果资本主义之后还有一个发展阶段呢?商品经济始于土地转化为私有财产,因此扯断了封建时代各种纷繁的关系,形成了农民和农牧主两大对立阶级,并有后者向前者以地租的形式掠夺剩余价值。第二个阶段形成了更加抽象的私有财产形式,包括复杂的生产工具,也产生两大对立阶级:工人和资本家阶级,而后者以利润的形式向前者夺取剩余价值。

第三阶段产生了更抽象形式的私有财产,将原有的协商性的版权、专利、商标等转化为"知识产权"。信息的私有化带来一种新型的阶级斗争形式,发生于可以被称作黑客阶级和和矢量阶级之间。前者是信息的制造者,而后者则拥有信息流动和实现信息价值的工具——各种矢量。这就是"后现代"的阶级关系。

伴随作为私有财产权的所谓"知识产权"出现,各种类型的知识分子失去了其有限的地位,融入了商品经济生产大军之中。他们不再是其他阶级的仆从或自诩的领导者,而自成一个阶级,即"黑客阶级"。随着劳动力的知识分化不断加速,也产生了难以辨别的不同种类的知识劳动力。但该劳动力第一次被知识产权的抽象化变成了一个等价物。马克思把货币当做通用等价物,可以把 x 数量的大衣与 y 重量的小麦实现等值。随着私有财产形式延伸到信息,那么我的 x 数量的版权和你的 y 数量的专利也实现了等值。不论科学家之间,或者科学家与音乐家、作家、编程专家等之间存在何种常人难辩的区别,但他们在市场上都一样。专利和版权强化为绝对知识产权的过程也是知识分子和商品经济之间关系"现代化"的过程。

人们试图赋予现代性以实证内容,比如探讨信息社会或后工业社会的意识形态问题。理查德·巴布鲁克提出,这些经典的现代性话语常常抹杀社会领域对抗的存在,宣称社会对抗已经不合时宜。这给新兴的统治阶级一个阐释自我历史的方式,即"没有泪水的马克思主义"。但也有完全不同的观点:阶级关系根本没有消失,而是改变了形式。而且"黑客阶级"与"矢量阶级"之间新型的斗争关系的出现,并没有淘汰原有的那些阶级关系。恰恰相反,在 21 世纪初期,农民阶级因为被剥夺土地而转变为农业工人或者失去土地的剩余农民阶级转变成产业工人的重大阶级斗争关系依然存在。只不过这些激烈的阶级斗争发生在远离过度发达的国家而已。

然而这些阶级斗争在形式上表现出了显著的对抗性。在欠发达国家和地区的巨大厂房里,工人拼命生产的物品,却印上别人拥有的商标和版权标志,生产过程用的是别人的专利权。争夺土地所有权的斗争,也是争夺种子储备中遗传物质所有权的斗争。范达娜·席娃认为:

今天,不论是公司、商业实验室,还是大学、研究所,尤其是政府部门仿佛都卷入了一场"食腐动物式的疯狂猎杀"活动中,猎取对象是动辄就能卖到十亿美元以上的各种专利权。因此,在20世纪末我们看到的是,专利权不仅被授予一些固有的知识、植物,还被授予微生物、基因、动物、甚至人类细胞和蛋白质等方面的研究。

结果是后现代、后殖民,更不应说后人类,就撞在了一起。

如果我们真的难以进行历史阶段划分,但至少可以把当前阶段看做一个既是过去各种阶级斗争的延续,又与这些阶级斗争形式迥异的阶级斗争现场。后现代时期被认为是阶级斗争已经成为历史,商品经济已经完成,生产力得到历史性的发展的时期等等,但21世纪之初它们重新粉墨登场,甚至来势汹汹。"后现代"理论采用了批判理论惯用的方式来离开20世纪,只能算作"虚评理论"而已。它曾经宣布,从此由后,权力去了他处,或者说权力无处不在,或干脆说权力问题太复杂了。

"后现代"批判的话语中透露出挥之不去的对其"适宜性"问题的焦虑。讽刺的是,恰是"适宜性"问题击垮了批判理论的杀手锏,即难以容忍"异时性"问题。德波说过,"当'争取绝对现代'成为某个暴君的'圣旨',那么忠实的奴隶最惧怕之事可能就是自己有落伍之嫌。"

现在也许该重拾葛兰西的知识分子分类方法:一类是"有机知识分子",与冲突的发轫相关联,另一类是传统知识分子,把自己沉淀到社会秩序的底层,为商品经济的时间能量所抛弃。由此看来,传统类型的艺术家和知识分子只能嚷嚷一些"现代"已死去的陈词滥调,结果反而暴露了他们已落后于时代。新知识分子在其他地方,以其他名称应运而生了。他们可命名"有机知识分子",自发地出现在斗争的新界面。

受数字时代的到来影响最彻底的知识劳动过程,是那些面对新的矛盾,引发了填补后现代转向初期真空的新的知识运动的知识劳动过程。整个数字领域几乎同时敞开了一个"勇敢的新世界",在这里"稀缺性"已经成为过去,但同时又遭遇到"新商业模式"的巨大压力。在"新商业模式"下商品经济通过对信息,而不再是对土地和资本的控制来巩固自己的地位。阿迪尔科诺认为"离开20世纪以后,人类获得了能够包裹起前五个并把它们大大缩小的第六个大陆。"

随着数字时代的到来,信息不再具有稀缺性。我终于可以想象到一个无需"工作",而通过自由的"游戏"而进行生产的领域。程序设计者们,这些商品经济新阶段的有机知识分子代表,更早时期已经窥见到了这种可能性。理查德·斯托曼指出"黑客行为意味着可以通过聪明的玩的方式探索无限的可能。"

但黑客行为很快就遭到新兴阶级的种种限制。"矢量阶级"牢牢抓住并利用信息抽象化,把传统的专利权和版权打造为其新形式私有财产——知识产权——的基础。信息成为矛盾的新焦点。克洛克和韦恩斯坦认为:"政治就是围绕对知识产权的绝对控制,通过通讯、控制、命令等种种类似于战时的战略来实现。"

一接触信息的私有化,知识劳动力之前的领域限制性也消散了。所有形式的知识劳动力都可以被等值化,由此一个新的阶级——"黑客阶级"诞生了。无论使用的是英语语言还是计算机程序语言,也不论你跟全音节还是元素周期表打交道,你就是一个黑客。决定你黑客身份的是你被衡量出的等值大小,还有把你的黑客能力出售给能够实现其价值的"矢量阶级"所必需的一切。

知识产权的意识形态不过是模糊新信息生产者黑客阶级,与可能从长远角度成为信息拥有者矢量阶级之间的界限。正如考特尼·洛夫所论,现在的海盗正是那些媒体产业。当然还可以再加上制药公司、农业综合企业等,其实可以包括所有福布斯500强,鉴于它们都有分散产能、外包、离岸供应行为,并通过它们其对商标、专利、版权等一整套的管理和政策手段控制整个生产环节。

"后现代"仅仅是传统知识构成颓败的症状,而绝非从批判理论向"虚评理论"衰落,因为理论已经被学术机构所吞噬,正如学术机构已经为商品经济这条更大的鱼所吞噬一样,而21世纪的商品经济又被矢量阶级进行了"幻想工程化"。尽管这可能是在重复"现代"姿态,但也可能采取新的方式:"后现代"可以被认定为已经过去之物,和其他古代遗产一样。现在正在展现的世界不仅非常可能出现阶级、历史、生产甚至整体性等宏大范畴的回归,还有可能出现一个在商品形式之后,超越稀缺性的乌托邦世界。

超越稀缺性的领域可能仅限于信息,但它的本体论特性目前还远未得到充分理解。目前对信息的了解更多出于实际需要而非理论探讨。作为一个阶级,黑客阶级的使命也许是要对存在实践采取黑客行动,剥夺商品形式的信息并将其复归于赠品的领域。而赠品领域内可能并非许多实物的领域,因为每次实物赠予总会附带一定的责任。更有可能的情况是,在这个以分享文件夹和彼此通过网络联接特征的时代,赠予物可能与商品的形式一样的抽象。赠予的责任也许被看得更轻,但可能超越直接接受者,无限延伸出去。

如果说商品经济是一种哲学的具体化,那么正在兴起的抽象的赠予经济形式,由于信息可以自由地被"黑",差异不再具有稀缺性,因此可能导致另一种完全不同的哲学的具体化。目前批判与乌托邦的双重工程,消极与积极的节拍轮流敲打着,不仅不会为"后现代"姿态扫进历史的垃圾箱,也许当下真正遇到了符合更新所需的条件。"在这个令人困惑的时代,甚至空气都能够融化成气流,浅俗的可以被包装成深奥,可能性还是露出了面目。肯定有其他各种世界存在,他们都是这个世界。"

写于纽约州纽约市

12. "话语马克思主义"与"技术马克思主义"

贾米·克尔申鲍姆 2003 年进入一家著名电脑游戏公司"电艺"公司的图像制作部。2004 年他发起一个集体诉讼,起诉公司拒付加班费。他指控公司"电艺"每周要求他工作 65 小时以上,有时连续工作 6 到 7 天。这种加班情况被称为"突击",过去只在赶任务的时候才发生,现在已经成了家常便饭。

过去在"突击"之后通常会放个假休息。因为没有正式文件,"电艺"公司不断减少放假天数,后来每个项目完工之后定为两周。克尔申鲍姆陈述他本人现在根本就没有"公司休假"。他抱怨说,自己会"特别享受一个不需要劳动的'劳动节',或者国庆日到饭店吃个大餐,而不是在自己的小工作室里凑合一顿。两年都没有过这种待遇了。"如此玩命,年薪只有区区六万美元。虽然还可以选择持公司股票,但分红总是有限。当然,还有冰激凌供应和免费洗衣房。但这些恩惠的目的不过是激励更多的"突击"而设的。

特罗伊·斯托尔虽然不是为"电艺"公司卖命,但也是在一个类似的由"电艺"公司创始的世界,一个多人参加的大型网络游戏公司,"网络创世纪"里工作。他在他的游戏世界里是个名叫尼尔斯·汉森的"铁匠",还担任"弓箭手"和"魔术师"两个角色。他负责置办"财产",并为自己的角色建房屋。为了支付费用,他在游戏里必须以"铁匠"为职业,铸造虚拟的宝剑,并出售给其他游戏玩家。他必须长时间守着电脑,不断的点击小山来采矿石,然后不断点击矿石进行冶炼,再点击冶炼出的铁块来制造武器,然后循环往复。他的工作和贾米·克尔申鲍姆大同小异,也需要长时间守在电脑前,区别是斯托尔要为自己得到的权力付费。

斯托尔并不拥有生产数字产品的资料。他也不是"电艺"公司的主要股东，因此他必须依靠"铁匠"职业来维持他在"网络创世纪"里的数字生活。但在现实世界里他是个木工，借此维持他现实生活，包括它订购"网络创世纪"的费用。朱莉安·迪拜尔写道：

> 稍作停顿，后退一步，仔细想想看究竟发生了什么：一个成年男子，日复一日，长年累月地白天在外筋疲力尽的劳作，一整天重复使用着锤子、钉子的，骨头都僵硬了。晚上回家以后接着使用"锤子"、"砧板"，手指都变得麻木了，每月还要付9.95美元。问问斯托尔干吗这么做呢。他会不假思索地告诉你，"喜欢干的就不累了。"当然我们还需要接着问自己，人们为什么会乐此不疲呢？

上面只是来自超发达国家的"第三自然界"，关于生活和时间的两幅小插图。如果说"第二自然界"是集体生产一个建造物的环境，部分地克服了人们对基本生存必须条件的依赖(作为木匠斯托尔)；"第三自然界"是集体生产一个通讯环境，努力克服人们对那些第二自然界阶级关系所造成的新的生存必须条件的依赖(作为制图师的克尔申鲍姆)。尽管"第三自然界"似乎不过是以更加抽象更广泛的形式再生产那些"第二自然界"的主要特征。一方面，克尔申鲍姆夜以继日的工作，是为斯托尔的夜以继日劳作创造条件。在他们生产和再生产出来的世界里，第三自然界再生产的不过是无尽的劳作和稀缺性。

在拙作《黑客宣言》里，我尝试提出一种能够充分解释"第三自然界"里的劳动和日常生活的理论。在"第三自然界"里，每一个原来"第二自然界"里的社会过程都可以被"跨越时空的感知"技术翻版复制，而"跨越时空的感知"不仅是重视，而且在控制着"第二自然界"。《黑客宣言》是这样开篇的：一个翻制的幽灵在世界游荡，一个抽象化的翻制物。国家与军队、公司与社区的命运都与之息息相关。普遍化的抽象行为是"第三自然界"的关键特征，是其对世界历史的独特贡献。

然而"第三自然界"以一种似乎已改变了的形式，把一个由来已久的限制延续下来了：

几乎所有阶级对此无情抽象化的世界都心存恐惧，因为大家命运都与之息息相关。但只有一个阶级例外，那就是"黑客阶级"。我们是抽象化的黑客。用一些原始数据材料，我们就能够制造出新概念、新视角、新热点等等。不论何种编码，程序语言、诗歌语言、音乐或数学、曲线或色彩等等，我们都可以"黑"之。我们就是一个抽象世界的创造者。我们自己所代表的身份，无论是研究人员或作家，艺术家或生物学家，化学家或音乐家，哲学家或编程专家，所有这些主体都只是一个目前正在形成的一个阶级的组成部分，而且他们也渐渐认识到了这个变化过程。

《黑客宣言》的某些部分的语言显然具有马克思主义特征，究竟是哪部分却并非一目了然。今天马克思又无处不在了，尤其是在英语为母语的国家里，是具有权威性的人物。但现在他每次重现，都扮演着能提供答案或陈述的角色，而不再是提出问题或质疑者。德里达认为："人们会做出准备迎接马克思的回归或再回到马克思，但前提条件是，对马克思曾经告诫人们不要试图破解什么，而是要采取行动这一点不要妄加评判。"这里也许是一个被省略了的问题之一，一个实践问题，可能还有其他的。

"马克思精神"有许多种，而且相互之间呈异质性。既有德国马克思、法国马克思，还有意大利马克思。马克思会发生变异以适应不同的历史环境。那么我想加以援用的是英国马克思的精神。比如这是读过李嘉图的马克思。概言之，英国马克思的课题是一种政治经济学批判，财产问题是其思想的核心范畴，而且是个有用的问题，鉴于其在文化——政治与技术——经济领域间的阈限地位。

还有一个马克思，关注的核心问题是既是经济基础和文化或政治上层建筑之间的紧张关系。但如果我们阅读20世纪初期主要"虚评理论"，就会发现这种紧张关系几乎销声匿迹了，而"政治关系"成为本体论的中心问题。这其实是一种很奇怪的倒退的资产阶级自由主义。

也许马克思主义发展的关键时期是他离开生产的流通领域，开始密切关注工人角色问题。他们变成生产世界里的一个"界面"：

我们正在遗弃的领域,其中劳动力的买卖交易依然在进行,事实上正是人的固有权利的伊甸园。自由、平等、财产和边沁等都在园内统治着。之所以自由,是因为诸如劳动力之类的商品的购买和出售者都可以依本人之自由意志行事,再无其他限制……离开这个为寻常自由贸易者丰富了观念和思想,也为其提供用以判断建立在资本与工资基础之上的社会的标准的简单流通或商品交换领域,我认为我们可以觉察到我们剧中人物面貌上的改变。他之前不过是个有钱人,现在以资本家的身份阔步登上了舞台,身后跟着拥有劳动力的人,身份是体力劳动者。一个是自命不凡,得意洋洋的,拼命赚钱的人,而另一个则自惭形秽,缩手缩脚,好像把自己的蔽体之物都卖了,只想找个地缝钻进去。

似乎一些政治维度的批判理论又回到了流通领域,且只集中在"伊甸园"观点中的一个方面——平等。齐泽克指出:"所有那些法国(或具有法国取向的)政治理论,从巴里巴尔,朗西埃,巴迪欧到拉克劳和墨菲,都试图把经济领域简化为失去本体性尊严的某种'体'的领域。"这可能是另一个马克思主义的经常被忽视的问题,即经济与政治的关系的问题。仅指出政治问题不能归结为经济问题是不够的,反之亦然。

"政治的"马克思主义,也被齐泽克称作"法国的"马克思主义,可能被很多以英语为母语的读者视为他们在本国进行的文化研究中作为对立面的"法国马克思主义"。从雷蒙·威廉斯到斯图亚特·霍尔等以来,"政治的"马克思主义已经形成一种传统,即对文化的严肃性和权威性的关注类似于其他学派对政治马克思主义的关注。区别只是"政治马克思主义"渐渐呈现出更严肃的面孔,而"文化马克思主义"则总是表现出其普通与精细的特点。"文化马克思主义"需要大量的描述,阅读器似的细致入微的阅读。对在阅读时喜欢寻找明确概念的读者来说,可能会感觉困惑甚至迷失在琐碎的日常描写里。

在马克思进入生产领域之后,政治与文化的马克思都退出了,且不乏共同之处。两者合起来可以被视为西蒙·克里奇利戏称为"话语(disco 还有'迪斯科'之意)马克思主义"的后续阶段。"话语马克思主义""是通过把所有体验都归结为不同的话语方式而放弃社会——经济维度的一种方法,它意在把马克思主义政治化,代价是对资本主义不加质疑。""话语马克思主义"脱离技术——经济领域而进入文化领域,在此它发现了通过话语表现出来的大量差异的存在。而且话语造成这些差异性在功能上具有等值性,也反过来布置好了雅各宾式"平等"的回归的舞台,不断消除话语的差异性。无论话语如何力求"政治的马克思"表现出本体性,但话语领域差异依然存在。

在"话语马克思主义"中"阶级"一词偶尔会作为一个术语出现,但并非总带着明确含义。克里奇利指出:"有人可能会提出社会中阶级角色的增殖的可能性,因为社会中构成阶级特征的元素日益复杂,更有其他特征元素,如性别、种族、性取向等等导致社会阶级特征更为复杂。"我想从稍稍不同的视角来看此问题。"话语马克思主义"并不知道如何设想可能存在着不同种类的差异性。它讨论最充分的是差异性的表达,反霸权性集团的构成,但其前提是话语是一个能够进行各种表述的同质性的领域。

关于阶级问题,"话语马克思主义"的有趣话语却越来越少,而对"话语马克思主义"自身缘起的阶级存在场所更只字不提。如果我们暂且把视线从技术——经济过程移开,立刻就能感觉自己好像在伴着具有催眠作用的重复播放的迪斯科节奏在跳舞,其中"资本主义"节拍无处不在,但又缺乏显著特征。由于一直没能够想明白他们在生产过程中的角色,"话语马克思主义"者也就只能沦为小资产阶级知识分子式的人物。

也许并不存在"阶级角色的增殖"问题。阶级关系的转化问题也许不难描述。也可能随着"第三自然界"的出现,技术——经济的阶级角色的阶级体验弥散于之前的政治和文化阶级角色的经济体验之中了。文化或政治马克思坚持有自己自主的领域的诉求,现在因为政治和文化更充分的融入作为战略空间和商品空间领域的"第三自然界"之中,而可能得以实现。"话语马克思主义"是在做着昨日梦。"话语"已死,"小鲜肉"万岁!

走出"话语马克思主义",我们来探访一下技术——经济特征突出的"技术马克思主义"。它并非人们会自然联系到"政治马克思"的前"话语马克思主义"领域。我下面会简要介绍迈克尔·哈特、安托尼奥

·内格里(此后只称内格里)、亚瑟·克罗克和迈克尔·温斯坦(简称克罗克)的写作,他们分别呈现出意大利甚至加拿大风味的马克思,而且也超出了"话语马克思主义"的限制。

内格里在劳动力主要类型方面发生的转型的基础上,提出新劳动力的概念,即"非物质劳动力"。内格里指出,"这是创造诸如知识、信息、通讯一种关系或一种情感反应等非物质产品的劳动力。"内格里不否认农业和制造业的劳动力还顽强地存在着,但他认为现在"非物质劳动力""在质量上居霸权性地位。"此类劳动力具有灵活性、流动性和易变性等特点。它在意区分工作与休闲。它吸收过去主要是"女性的工作"——维护情感关系——进入薪酬劳动力队伍。

"非物质劳动力"具有高度社会性。他们不是靠资本组织自己,而主要是自发的组织起来。而且他们的产品也具有社会性和普遍性。他们并非生产那些被称为关系的产品。他们所得到财产也具有非物质和高度社会性特点。

> 非物质劳动力霸权之下剥削也不再主要靠剥夺个人或集体劳动时间的价值,而是根据剥夺合作劳动所生产出来的价值来衡量。合作劳动因为在社会网络上的传播而日益普遍化。生产合作的核心形式亦不再由资本家作为其组织劳动力工程的一部分而创造出来,而是产生于劳动力自身的生产性能量。

内格里认为,"非物质劳动力"的社会性与其私有财产形式——"非物质财产",产生了矛盾。"当通讯成为生产的基础,那么私有化立刻会妨碍创造性和生产力。"因此就知识产权的所有权产生了复杂的斗争,而且斗争的焦点是把公共生产的所有权归属于个人所有问题。

"非物质劳动力"已经逾越了自己曾经所属的财产形式。"资本主义的私有财产权是以生产者的个体劳动为基础的,但另一方面持续不断引入更多集体和合作形式的生产活动:工人集体生产出来的财富成为资本家的私有财产。在'非物质劳动'和'非物质财富'领域,上述矛盾变得日益极端化。"

但内格里对作为一种劳动力形式的通讯的独特性着墨不多。"非物质劳动力"的增长改变了劳动力的整体构成,形成了著名的"流民"概念的基础。该概念更主要是政治而非经济范畴,更重要的是它的未来变化而不是现状如何。内格里的论述中对劳动力的新特点持乐观态度,但并非以通讯作为劳动力之一的视角作出的。

而亚瑟·克罗克就没有那么乐观了。支撑内格里书写的是战后意大利工人阶级的抗议活动,而克罗克只能站在荒凉而寒冷的美加边境的加拿大一侧,远远地望着美国一方。他离美国近到可以对它有亲密的理解,但同时又有足够的距离使他只能从记忆中寻找美国的过度发展。他关注的重点主要是统治阶级而不是劳动力的转型。克罗克不无绝望的写道:"跨国公司加强全球性的联合,形成著名品牌的电子网络,它们不再囿于地理上限制,而仅需要数字循环中传播的一个战略节点就能够代表了。"结果产生了他所称呼的"'流'资本主义","一个动态的矢量,主要成员是日益为网络孤立起来的个体构成的全球性的'流民',被财富和根本需求两股大潮轮流驱赶前行。"

在克罗克看来,生产过程中的通讯技术带来的突变,不是创造出了来自下层的新的阶级政治,而更主要是创造了来自上层的新的统治形式。

虚拟世界的政治活动造就了一个前所未有的新阶级。这个虚拟的阶级有力地挣脱了(工业)生产方式,迅速凝聚为一个代表数字商品形式的阶级。它具有全球性、流动性、网络化、控制性以及在技术劳动技能上的可替代性等特点,这是一个数字神经系统的专业人士阶级。

克罗克对产生这个虚拟阶级的财产关系含糊其辞,和内格里对"流民"的态度相似。他认为虚拟阶级的成员主要是数字金融、媒体和技术领域的代理人,他们有时会积聚在网络设计和其他一些劳动方面,而内格里把他们称作"非物质劳动"。克罗克没有把财产问题解释清楚。

在对生产的经典马克思主义分析问题上,内格里和克罗克都未作深入讨论。不再提什么使用价值、交换价值、剩余价值等。克罗克认为,"新的生产方式——数字性生产——带来了一个质的新历史时期,其典型特征包括知识力量取代劳动力,虚拟价值取代交换价值。"但他们对劳动和阶级是不是必须的范畴问题都迟迟未下断言。

内格里处理这一新问题采取"从下至上"的方法，而克罗克正相反。克罗克使用"代理劳动"而不是"非物质劳动"，"我们削减到持存物惰性状态。"内格里所表达的劳动力通过新通讯技术进行自我组织，克罗克则用身体从属于商品化之逻辑之加深来表示。他们都看到了相同的情况，但也许由于视角相对，结论竟截然相反。克罗克不仅不认为"流民"具有"解放"意义，反而得出"知识劳动力的无产阶级化即将发生"的结论。

此时不妨再反思一下特劳伊·斯托尔和贾米·克尔申鲍姆的体验。一方面，被"后福特时代"数字劳动的工业化剥夺了直接生产资料的"艺电"公司的雇员，遭遇传统的围绕工时而进行的斗争。另一方面，斯托尔觉得他之前属于工作之余的个人时间，现在也呈现劳动时间的形式，而且他还要为之付出代价，其所得价值仅仅是被别人认可。

内格里和克罗克都以自己的方式指出知识产权领域矛盾增加的问题。克罗克认为"知识产权……是数字商品形式的关键动力。"内格里则指出"日益提高的'流民'的生命政治生产力正在被对私有财产的侵占而削弱和阻滞。"但我认为二者都没有理解私有财产形式在知识劳动产品中究竟占据的是什么样的位置。

我的论题不是想说劳动力已经改变了或者统治阶级改变了，而是想表明现在不仅有了一个新的生产力阶级，而且也有一个新的剥削阶级。知识产权式私有财产抽象化进程的第三阶段。第一阶段发生的是土地被圈占，农业商品经济崛起。第二阶段是资本的形成和制造商品经济的崛起。我认为我们今天已身处在第三阶段的财产抽象化进程中。所谓知识产权，表面上是专利权、版权、商标法的历史延续，其实它们并非一回事。正如劳伦斯·莱西格所说的，它是对传统的一种背离。它是一个把这些曾经的协商性权力转变成为私有财产权的工程。

私有财产的新阶段也带来新的阶级冲突轴心。我们该记得之前已经有过两个阶级矛盾的轴心，而不只是一个。阶级矛盾发生地分别是自然界、"第二自然界"和"第三自然界"。当然，这些阶段之间有过交集和分离现象。它们的发展分布也极不平衡。每个阶段有创造出其独特的对拓性空间体验。这些阶段时间上的延续性并不意味着后一阶段一定是所谓"更高"阶段。但是每个阶段都存在质的不同,而且到目前为止也是不可逆转的。

第一阶段是土地私有化制造的冲突。结果使佃农变成了农民,封建主变成了我所称的"农牧主阶级"。佃农和封建主之间就局限性的传统的权力以协商方式解决。封建主经常以实物形式剥夺佃农。当农民面对农牧主阶级时,土地已经成为后者的私有财产,农民被剥夺了传统权利。他们用货币而不是实物支付地租。

佃农转变成农民,封建主转变成农牧主的过程今天仍在继续。在今天亚洲、非洲、拉丁美洲的许多地方因土地私有化而产生的冲突仍是阶级斗争的主要形式。与此同时,资本家与工人之间的冲突也在发生。因此,如果我们打开有些"非历史"的"资本主义"范畴,我们就能够发现在过去三个多世纪以来,有两个阶级斗争的轴心以及四个阶级,他们相互寻求着结成联盟或进行协商。

如果存在两个阶级斗争的轴心,两种类型的统治阶级和两种劳动力,那么为什么就不能有第三种呢?我认为内格里和克罗克坚持认为正在发生着一些改变,商品形式在发生着突变是不无道理的。我不是与他们争论劳动力有没有改变或是否真的产生了新的主导阶级,我认为现在有了一个全新的阶级斗争轴心及围绕着它的一个新型统治阶级和一个新型生产阶级。

我把新的统治阶级称为"矢量阶级"而不是"虚拟阶级"。和克罗克不同,我并不想把"虚拟"这个概念亮出来给对手。和内格里一样,我想保留一个更乐观、更看重未来的批判理论。因此本章以"矢量阶级"概念结束,之所以如此命名,是因为该阶级控制着传输信息的各种"矢量"。他们拥有的是信息得以实现其价值的工具,而"信息"作为一个精确概念的出现也恰因为它能够被量化、被估价、被占有。在下面一章笔者将介绍一些具有典型的统治阶级特征的此类公司。

写于密歇根州底特律

13. "矢量阶级"及其"对拓端"

在商品经济发展的不同时代都有标志性的企业。比如自由放任资本主义阶段黑魆魆的工厂和后来取而代之的福特流水线。每个时代也都有代表性的产品，比如前者廉价的棉纺织品，后者的T型汽车等。那么在历史发展的"矢量"阶段有什么代表性的企业、产品或者商品生产过程呢？

如果在你的搜索引擎里输入"中国工厂"几个字，结果会显示一些明显具有黑工厂和流水线有关的图片，不过有个小小不同之处。这些福特工厂式的图片通常都有表现着工业时代恢弘气派的美学特征：一排排的机器和工人，向远处延伸，一望无际。如果需要找一些比鼓风炉或冶炼厂小的工厂的图片也可以很容易搜到数字的图片。不同之处在于，中国工人的装束显得特别精细，不仅可以防止头发卷入机器中，也可以防止零碎物品从他们身上散落以影响他们所从事的要求精细的工作。工厂本身依然庞大且井井有条，但部分劳动对象已经变得更精致或复杂。

暂时撇开这些图片不论，想象我们搜索到这些图片是多么轻而易举的事。是什么帮我们完成的呢？如果搜索一下"服务器群"，同样可以看到类似中国工厂的壮观场景，但不同之处是你几乎在图片上看不到人的身影。只有一排排的服务器和联接它们的电缆，好像它们自己就能够独立运行。好像它们根本不是在工厂里被人和其他机器共同安装完成的。似乎它们不需要人的双手和大脑来操控。

如果你想要关于某物是如何或者何地生产制作的图片，你也可以搜索，也不会太麻烦。如果你想要那些具有代表性的产品还有工厂生产的徽标,不论你现在何处,你都可能看得到它们。假如你正在阅读本书,那么在你所生活的世界里,像"谷歌"、"苹果"、"诺基亚"等名称以及它们竞争对手的名字可能每天都从你的眼前掠过。

在一个奇怪的回接18世纪矢量的项目中,谷歌投放出一个海上服务器群的专利。如果过度发达世界需要渔场,为什么不能安装海洋服务器群呢?该主意似乎还有一些好处。首先,服务器群离客户的距离更近了,可以克服一些至今矢量路径上依然未解决的地理限制问题。其次,流动的服务器群可以利用海洋的运动进行发电。第三自然界的大品牌都想让我们觉得它们和那些毁灭自然的老工业企业完全不同,但其实并不然。

谷歌可以说是"矢量阶级"的标志企业,但它究竟是如何运行的呢?"谷歌"的运行方式可以说是大鱼吃小鱼的典型。谷歌公司本身几乎不制作什么有用或有意思的信息,而只是把你连接到这样信息而已。但这需要规模庞大的工业基础来完成,比如服务器群。不过它就是自己不制作你需要的信息。如此看来,谷歌具有寄生性。它出售广告,类似文化产业的广告节目。不过它不提供任何娱乐节目来吸引点击,因为它认为我们会自得其乐,它只负责收取租金。

"苹果"的战略完全不同。"苹果"以其设计精美的计算机、手机和其他产品而著称。但它所面临的问题是,这些产品的生产——在中国和其他地方——竟变成了某种商品企业。对此类产品很难收取额外费用,因为一些类似的"山寨"货价格低得多。"苹果"只好在其品牌上加大投入,争取在这个时代的"话语"中更有意义。

"苹果"的另一大战略是制作其设备的市场门户。通过设备可以无缝连接到大量的影视、音乐、图书、游戏以及那些让你更得心应手的应用软件。尽管不是免费,但非常方便,因此物有所值。同时,"苹果"从所有利用它的市场销售的第三方收取租金。

"谷歌"与"苹果"都是福布斯世界500强企业。2011年"苹果"排名第35,而"谷歌"位列第92。榜单上大多是大家耳熟能详的名字,有来自前一个时期的巨头,如埃克森美孚(排名第二)、"通用电器"(第八);还有些是向第三自然界过渡时期崛起的企业,如"惠普"(11)、"威瑞森"

(16)等。还有的是典型的"第二自然界"时期依靠实体建筑起家的经济体,但利用矢量更加强大起来,如"沃尔玛"(1)最具代表性。"沃尔玛"的比较优势除了对劳动力成本的严格控制,就是在物流方面。公司主要得益于对整个供应链的控制,从泥土里的胡萝卜、纺织机上的T恤,到它们最后进入消费者的购物袋。

有些领头公司的财富主要得益于对战略空间,而不是商品空间的控制。如"波音"(36),"联合技术"(44),"洛克希德——马丁"(52)。这些公司还在利用最先进的制造技术生产最贵的产品。但整个生产过程,从产品设计、工厂管理到制造机械工具的控制,变得日益数字化。

还有些显然算不上信息类企业:"宝洁"(26),"辉瑞"(31),"默克"(51)基本上属于制药企业。制药业和化学品业一样,生产只是其业务的一部分。它们需要操控生物与化学产品世界,使它们的产品拥有专利权,证明它们的产品具有治疗作用或工业用途。还有一些企业历经统治阶级发展的全部主要阶段,从农牧主阶级到资本家阶级再到"矢量阶级","阿彻丹尼尔斯米德兰"(ADM,39)是其代表。它最早从事食品生产,之后做食品深加工,后来又从事转基因有机物生产。

这些公司每一个都是传奇故事,甚至比相关媒体的介绍更了不起。故事中不乏公司的起起落落,经历过运气与才华的巧遇,经历过竞争与挤压,经历过自身巧妙运作与国家的扶持,也经历过同行的暗算与阶级间的矛盾。每个公司都有自己独特的利益所在和与之密切相关的薄弱环节。有时候这些利益之间也会发生冲突。像"新闻集团"(83)这种老式的文化产业,很难引起"谷歌"这种"猎鹰"式企业的兴趣。"新闻集团"还重视保护自己的知识产权,并用以销售自己的广告,而不希望"谷歌"式的企业盗用来为自己推销广告而谋利。

另一方面,"谷歌"也需要不断加快步伐跟上矢量技术的发展更新。随着移动电话不断取代座机,通讯设备迅速向便携式发展。"谷歌"也开始增加对"安卓"系统的投资,尽管该系统原本是"苹果"的软硬件垄断领域,与"微软"对"视窗"系统的控制类似。当然"微软"也有自己的招数,推出了便携设备的搜索引擎和"谷歌"和"苹果"分庭抗礼,甚至推出仿照"谷歌"设计的"必应"搜索引擎。

公司之间可能结成临时性的同盟,更多是不惜血本的相互厮杀,主要利用各自拥有的大量的专利权,好像游戏中的抵押品。这些专利权特别像过去封建贵族的封号,不是某一个指定法庭,而是多个法庭都有权利去判定。一个规模不大的产业竟应运而生了,主要是围绕可能发生的钻知识产权所有权方面的法律空当。鉴于此举可能要付出高昂代价而且难以掌控,在某些情况下采用公开资源式的审批反而是更好的企业战略,甚至是好的政治战略。在不同企业存在利益纠纷的场合创造出一个服务市场是可行的,但也可能需要和黑客阶级达成一种临时妥协。

资本家与劳动力之间斗争也产生了妥协的结果,其中最典型的例子是福利国家形式。劳动力迫使资本家将部分剩余价值社会化。福利国家中大部分内容符合双方的共同利益。虽然城市里经营房屋租赁的房东不欢迎,但社会住房实际上降低了一个主要的劳动力成本,符合每个人的利益。当资本在一定程度上被限定于一国之内时,教育和公共医疗有助于维持劳动力的质量。

"福特"式的良性循环就可以接受剩余价值的部分社会化,前提是生产力水平的提高足以支撑工资的上涨,使大量工人有能力购买自己生产的汽车,以保证汽车的销量。但是生产力如果出现了下降,就可能导致出现类似1968年的临时性"政治马克思"的回归。

解决此问题的方法之一,概而言之,就是"跨越时空的感知"技术。"矢量"在数据传输的过程中日益完善自己,变得更加灵活,更加精密起来。现在已经不需要再把生产过程的各个部分都聚集在一起,矢量使生产过程空间扩展开来。不是"流民",而是资本逃离了现场。

劳动形式的资本无需再限制在同一个民族国家的范围内,统治阶级也降低了其建立生命保障系统的兴趣。其他地方总还存在着劳动力储备。在过度发达国家,福利国家渐渐在分解。与此同时在其他地方,全新的制造经济体在以前所未有的规模迅速繁荣起来。从这种意义上说,资本主义发展的大时代在20世纪末才开启。

资本依然生产着它所熟悉的风景,只是规模更庞大:集装箱港口、公路与铁路系统、产业园、高楼林立的城郊居民区。交通线沿线密集的小城镇专门生产配套产品。其他交通线上源源不断地输送着原材料。如果沿着着交通线一直追溯下去,你会看到大型露天的煤矿、铁矿、铝土矿等等。"后现代"时期这一切不仅没有消失,反倒以前所未有的规模展现在我们面前。如果你亲眼见过一个大的露天煤矿,仿佛一个总在向下方建着的倒影中的城市,就明白政治(或文化)问题应该有多严肃了。政治之于矿业恰似蝴蝶之于钢索。

如此大规模的"第二自然界"的生产活动,以及对大自然资源的攫取,反过来又成为更具流动性和渗透性的"第三自然界"的追逐目标。看看这些大公司们的运营形式,就明白为什么说"矢量阶级"已经取代资本家阶级,成为今天主要的剥削阶级了。这些公司都在从已经不再是公司力量之源的生产能力方面减资。它们更依赖那些相互激烈竞争的资本金承包人来生产它们的产品。

这些企业力量所系是其知识产权——专利权、版权、商标权——以及实现它们价值再生产的工具:各种通讯"矢量"。信息的私有化已经成为商品化生活的主导,而不再只是附属品。娜奥米·克莱恩认为:"这一发展过程有其内在逻辑性:首先,一批有远见的制造商超越其与普通实物产品的联系,把营销本身提升到他们业务的塔尖。他们也努力改变销售仅仅是一种商业干预手段的社会地位,而把营销完全融入业务之中。"

随着私有财产从土地到资本再到信息的转变,财产本身也抽象起来。资本形式财产摆脱了土地财产所受到的空间束缚;信息形式财产又摆脱了资本形式财产受到的物的形式的束缚。财产形式的不断抽象化,导致财产形式创新性不断加速,但同时也制造着新的矛盾。阶级斗争在碎片化,但几乎渗入任何一种具有财产联系的关系之中。作为阶级基础的财产问题,几乎成为无时无处不被提出的问题。如果说"阶级"概念在我们时代的辩护者的言语中缺失了,倒不是因为它在其他一系列反对者的言论中变成了另外一个概念,恰恰相反,它已经成为第三自然界默认的构成原则,因为第三自然界是以差异性组织身份认同的。

黑客阶级在信息转换为财产的过程中诞生了。财产形式上为知识产权,包括专利权、版权、商标权、公开权以及作者的道德权利。"矢量阶级"不遗余力地在意识形态上笼络黑客阶级,坚持信息的所有权与新信息的生产具有根本互补性。

正因为如此,有人就混淆了黑客与"矢量阶级"之间的区别,比如克罗克。在对企业家和对技术的疯狂崇拜现象中,可以辨认出这种意识形态的清晰轮廓:劳动概念被忽略了,或者被提升到"创造"的高度,把工作看成游戏,把游戏视为工作。在克尔申鲍姆的言论中表达得很清楚,"黑客"与"矢量阶级"之间根本没有共同利益。

"黑客阶级"与"矢量阶级"之间存在着根本的分歧。黑客的劳动创造出新知识、新文化、新科学,却不拥有实现这一切创造价值的工具。而"矢量阶级"不制造任何新物品。它的功能只是把一切都变成等值物,将新创造进行商品化,因为他拥有实现新创造物价值的工具。黑客别无选择,只能向"矢量阶级"出卖自己的劳动。知识产权,原本是要维护新事物创造者的权益,但实际上并非如此,维护的只是信息所有者的权益。

黑客阶级包括所有在任何形式媒体创造新信息者。它不仅包括音乐家、作家、影视制作人,也包括化学家、生物学家、哲学家,任何一个能创造新信息的人,马克思主义者或"后马克思主义"理论家们。黑客阶级的劳动所生产出的产品可能比农民阶级和工人阶级的劳动所生产的产品更加多样化,但商品形式使它们都成为等值物。我的著作中 X 个单词值你的曲谱中 Y 个音调、值他专利权中的 Y 量的专利报酬。但对"矢量阶级"而言,这一切都只是它的知识产权财富中的组成部分,而今天这部分财富却占公司"资产"的重要位置。

黑客阶级制造信息,"矢量阶级"把它转化为私有财产。信息是一种奇怪的物品,好像商品之于马克思,具有神学性的微妙之处。它有独特的本体论属性。信息永远不会是非物质的。信息绝不可能无法体现出来。离开物质它是无法存在的。它不是一个理念一个鬼魂或一个精神(尽管他可能因为神秘化而产生这些情形)。然而信息与物质的关系从根本上是偶然的。而这种偶然性现在才开始被充分认识。无论从何种意义来看这个词,数字时代的到来恰好实现了信息与其物质性之间关系的随意性,其中能指与所指的随意性关系只是一个特别的个案。

我们的日常生活就能确认这一点。我可以把本书的文本拷贝给你，包括其中的信息，或者说潜在的信息，一张 CD 就行了。但它还在我的硬盘里。这不是很奇怪吗？我拥有信息并不剥夺你拥有相同的信息。不论是何种信息，它都摆脱了任何特定物质性的限制。这是信息本体论层面的承诺，现在通过数字技术完全兑现了。可能会造成英国"政治出版社"不安的是，你此时可能已经从互联网上下载了本书的 PDF 版本。

信息至少有一个非常独特的属性。它可以摆脱稀缺性。正是该属性给它的另外一个属性——私有财产——带来很大麻烦，因为私有财产与稀缺性密切相关。信息是经济学家们所称的"非竞争性物品"，显然是用"矛盾修辞法"造的词。信息对经济思想来说不仅构成知识性的挑战，也是一个历史性的挑战。挑战不仅是想想信息还能呈现出何种新形式或特点，而且还包括用何种别的方式生产和再生产信息。

信息给我们的世界带来的新本体论的属性，作为一种反应，又催生了法律意义上的新型财产关系，也就是我们所讨论的"知识产权"——又一个"矛盾修辞"。就我个人所理解的，知识产权产生于专利权、版权、商标权，但又有别于这些权利。知识产权是一种把社会协商性权利转化为私有权利的一种倾向。现在围绕知识产权问题的争论在不断膨胀，就是源于一种矛盾：信息脱离稀缺性潜能的现实化，与那些想要维持信息的稀缺性和商品性的商业利益之间的矛盾。

信息的本体论属性形式与其法律属性形式一样都产生于社会。问题是这两种属性如何以及为何会发生冲突。问题是为什么，如果在本体论意义上信息"要挣脱束缚"，而在法律意义上却"到处被套着锁链。"出于某种马克思主义传统方式的影响，我自然地把法律归入上层建筑，一个反动的，特别是各种阶级用于协商其利益关系的领域。我很有兴趣把法律看作一个不同时代的统治阶级都用来操控一种生产方式向另外一种生产方式转变的领域。这听起来似乎"俗套"，但也许因为在此问题上现实情况本身就是"通俗"，而理论则不然。

如果说资本家阶级更希望信息保持相对自由，这样更有利于扩大生产和促进消费，而"矢量阶级"从开始就坚决要求对信息实行私有财产权的法律保护。只要看看知识产权法的内容,就可以大概判断出一定时期这些统治阶级力量的对比情况。只要看看一个阶级在技术与法律方面知识产权法实施的相关政策,就可以判断在一个企业内部资本家阶级和"矢量阶级"数量方面的优劣。同样,我们可以通过了解某一国家,对来自过度发达世界的就这些权利的国际协议实施上提出的要求作出何种反应,就大概能够判断出该国家在发展过程中所处的位置。一句话,利用阶级分析逻辑,我们发现在当代阶级依然未死,而且很有生命力,只是对其存在形式该如何冠名,工作似乎还未真正开始。

我们可以从阶级的视角来分析为何实施知识产权会成为如此炙手可热的问题,因为它涉及一个新兴统治阶级的利益。我们也可以信息作为财产进行意识形态分析。詹姆斯·鲍伊尔认为,在整体的经济"效率"最大化与对信息生产者与所有者生产"激励"的观念之间存在着紧张关系。用"通俗"的话就是:前者向后者的转换,就是在关于信息在经济中的地位从边缘向中心转移的认识上,由资本家阶级向"矢量阶级"的转换。但不管法律与意识形态如何胁迫,信息依然坚持冲向自由。信息的法律属性与本体属性因此发生了冲突。因此我们一方面看到各种日益严格的禁止分享信息的立法,同时信息分享与窃取行为却屡禁不止。这种紧张关系的根源究竟何在呢?

此时我们遇到了一个节点,也许该创造新的批判理论的时候了。该理论不仅要思考现实世界,还要思考虚拟世界。虚拟世界可以被视为各种可能性的基础。虚拟世界使那些可能性成为可能。该批判理论的出发点可能是要明确指出,围绕信息问题产生的紧张关系表明我们终于找到了摆脱物质稀缺性以及各种稀缺经济的关键点。也许我们发现了一个区域,在其中我们终于可以实现某种"乌托邦"之承诺:"各尽所能,按需分配。"

这一点我深信不疑,而且不止我一人这么想。马塞尔·莫斯在很久之前就提出,人们潜意识中存在的阶级本能,希望科学和文化品应该作为公有之物,归所有人共享。莫斯认为:"我们坚持认为,它们既是个人也是集体智慧之结晶。每个人都希望它们能成为公共物品,或者尽快进入普遍性财富的流通。"公共领域就不存在"窃取"个人财产的问题。它不承认把信息归为私有财产具有合法性。

"分享文件"实际上是一种社会运动,尽管名称上不是。它不太可能声称自己是社会运动,但我仍觉得它具有普遍性。我认为在知识与文化上赠予关系仍充满活力,几个世纪以来一直拒绝被商品化。现在它终于从信息再生产的数字工具身上找到了盟友,一人得到之后就等于所有人共有。能够把信息从其较低层次的物质性进行抽象化所需的技术,不仅能够产生可以为经济价值或法律判罚捕获之物,但同时也能逃脱经济价值的魔爪和法律惩罚。

现在我终于又被带回到了"黑客阶级"。如果今天人们依然热衷于馈赠交换,那么把信息当作财产的信息制造者会站在大众还是站在"矢量阶级"一边呢?这的确是我们时代性的问题。在"信息渴望自由"的原则与那些关于"激励"与"效率"关系问题的意识形态言论以及其他试图否认信息本身具有的激进的本体性属性之间的斗争中,这也是真正风险所系。黑客阶级必须做出自己的选择。它要么选择站在"矢量阶级"一方,要么必须认识到知识产权并不保护信息的生产者,而只是保护信息的所有者。那么从长远看来,究竟谁最终拥有信息呢?是那些拥有生产工具,即实现信息价值的工具的人。意识形态试图模糊信息生产者和所有者的界限,但在实际上黑客与农民、工人阶级一样必须把他们的劳动产品出卖给那些拥有实现它们价值工具的人。

我们这些来自对拓端的人都知道:商品化一直具有全球性。"全球化"根本不是什么新事物——也许只是对那些刚开始感觉到其影响的过度发达国家的人才是。"福特"式或公司式国家在衰败,其凯恩斯一族侍从们只会在资本家与劳动力之间妥协。但我认为"矢量阶级"的崛起,使我们能够对在20世纪末商品形式全球化进程中所呈现出的形式加以控制。正是"矢量阶级"生产出了确定全球性劳动分工的工具。它推动着矢量生产过程,在此过程中,信息脱离出其寓居之物,因此允许生产的物质依赖性在空间上与支配其形式的信息相分离。因此我们见到了全球性劳动重新分工,过度发达国家中老的资本主义企业降低其产能,蜕变成矢量式企业。制造变成了不发达世界的专长。过度发达国家操控着品牌、专利和版权。不平等交换不再存在于北方的资本家经济与南方的农牧主经济之间,而是存在于北方的"矢量阶级"经济与南方的资本家经济之间。"矢量阶级"在此又占了上风,它抢占了此前各种类型民族国家范围之内的相对同质性经济空间。在今天的密西西比州可以看到欠发达世界的面貌,而在班加罗尔也有属于过度发达的区域。

该过程复杂而且矛盾重重。我们这个时代的悖论在于,信息的私有化与不断扩大的信息共享情况并存。我们的希望恰恰在于"矢量阶级"地位的脆弱性,因为该阶级的行为违反了信息的本体属性,只能依赖不断强化的法律高压来保护其利益。根据其自身特点,过去垄断土地和收取地租相对易于控制,随着财产形式的抽象化,控制也更加困难。现在的"矢量"经济下垄断总是岌岌可危。它自身所创造的信息生产和再生产工具最终会变成自我毁灭的力量。

对信息的绝对商品化和信息的窃取问题还是有可替代模式的。(窃取行为不过是颠倒了蒲鲁东所说的"财产即窃取"——窃取成为财产)替代模式即赠予经济。正如约翰·弗劳指出的,赠品经济并非纯洁的、理想的、和谐的前商品经济形态,而是商品经济的翻版。但我认为数字化时代的到来为赠予经济提供了一个新的可能选择,即远离商品经济。比如我们在互联网上可以创造出抽象的赠予关系。传统的赠予关系中总有赠与者和接受者存在,他们相互了解,彼此存在赠予义务。但抽象的赠予关系中可以不涉及特定的义务。当一个人在网络内提供信息,义务是普遍性的,而不是对特定的。请求赠予抽象的赠品,这是第三自然界尚未开发的潜能。

我觉得这里可以引出一种伦理,即黑客伦理,同时产生黑客政治。如果"批评理论"要避免沦为"虚评理论",也必须运用自身的生产和传播工具。所谓黑客政治,就是在技术和文化上参与和积极创造一种抽象的赠予关系,在此关系中信息不仅渴望自由,而且能够获得自由。

写于华盛顿州雷德蒙德(微软总部)

14. 从"话语马克思主义"到"实践"(物象的)

从场面看挺像"占领华尔街"时的情景。有人打着上面写着诸如"结束对工人的战争"之类的标语。但奇怪的是,现场的警察似乎是在保护参与占领活动的人员,而不是可能受到占领活动损害的业主们。原来这并非真正的"占领"运动现场,尽管当时占领活动像野火一般在全国各地熊熊燃烧。参与者占领公共空间,召开"大会",实践着某些形式的"大众政治"。这是连续电视节目"法律与秩序"的拍摄现场,正在拍摄一集有关"占领"运动的节目。

可以说"法律与秩序"是美国黄金时段电视节目中为数不多的真正涉及美国政治的节目。因为现在新闻节目大多属于"信息娱乐"节目,几乎不存在真正意义的"当代事务",而"法律与秩序"却能够挖掘敏感的或热门的材料。但那些来到拍摄现场,欲强行控制拍摄的人并不这么看。"我们成功了。他们休想再剥削我们,感觉挺好!"一位实际参与占领现场者告诉记者。当时"法律与秩序"的制片方,可以说是老牌影视媒体的中坚,根本没有想到社会网络可以如此迅捷地动员起来这么多人,根本不需要影视制作那样事先需要大量后勤准备工作。大约一百多名真实占领者迅速来到现场,而且真的要强行占领摄制组的帐篷。警察尽力阻挡他们,并用扩音器高喊摄制组的拍摄许可已经被取消。

占领者声称取得了胜利,但事件本身令人深思。"法律与秩序"节目拍摄"占领华尔街"运动未必有什么不良动机。如果说事件本身是抗议行为,那么它究竟在抗议什么呢?但换个角度来看,它特别符合一个一种矢量取代另一种矢量的天衣无缝的寓言故事。只要你见过剧组在纽约街道上拍摄影视节目,就知道那可是吃力而缓慢的过程,尽管作品总是相当专业的。但现在可是盛行快餐影视的时代,甚至无需计划、批准、演员或剧组照样可以拍摄。

如果类似的寓言故事出现的范围更广又会怎么样呢?如果它真的暗示着一种可能性的存在,即不仅一类媒体可能为另一类所取代,而且是一种经济为另一种所取代呢?讽刺之处在于,故事中的占领者们需要依靠最新的媒体技术来组织宣传自己的活动,而对手就是媒体时代的"恐龙"。也许还值得一提的是看看矢量的发展极限究竟何在。西蒙·克里奇利写道:

> 难道我们这些经常出门旅行的理论家,习惯坐喷气式飞机的教授们,不应该乘某种"解辖域化"替代"晚期资本主义"的寄生性低报酬的闹剧之舟,航行在"晚期资本主义"的潮头之上吗?看着客机上我邻座的晚期资本主义的代理人(他读的是《商业周刊》,而我读的是居伊·德波的著作。),我希望"晚期资本主义"如此惊人的创造性和破坏性能转变成为一场"网络革命"。

嗯,不错。首先,这种思维其实是植物性的幻想,是从德勒兹与瓜塔里的合著中寻章摘句而成的,却像野草似的在互联网上蔓延。听起来近乎癫狂。如果把它设想为诸多"后"或伪"左派"思想中"忧郁的无语者",饱受压制的"他者",即便癫狂,也并非一无是处。偶尔突发癫狂,也许会产生滞后的纠正作用。我本人就已经厌倦了总是"反抗"一切。

克里奇利说过"哲学始于失望"。传统的说法应该是哲学始于对"它是什么"的好奇。而克里奇利的意思是哲学始于对"它并非什么"的失望。欧洲大陆的哲学诞生于"失望",现在自身却令人失望。尽管"哲学的慰藉"作用已经丧失,大陆哲学的存在至多算是一种安慰。现在从哲学中走出来,试试其他做法,包括直接自发地生成于它们的"浅俗理论",也许算是不错的选择。失望或好奇之外的"第三条道路",也许始于对"它可能成为什么",对"可能性"产生的乐趣。或许我们都该有一点癫狂,才有可能感觉到总有什么令我们失望。

冲"第三自然界"之浪,无需经济学家之专业素养。也许需要的是更积极的阅读已经声名狼藉的"庸俗马克思主义"关于技术——经济基础决定法律、政治、文化上层建筑的图式。但笔者认为,否认任何形式的"经济决定论"思想,本身就是一种新的"庸俗"。政治与文化的"相对自主性"已经蜕变为"绝对自主性",完全符合学术的劳动分工。这也是我之所以要重新将经济基础与上层建筑并列加以思考的原因,把它们视为问题的现场而不仅只是教条。克里奇利的观点是"如果我们放弃了马克思主义对生命、生产、经济、实践以及历史等方面唯物主义的论述,那么它还有什么力量呢?"肯定没有什么力量了。

对"网络革命"的痴狂也无需成为一种"自然神学"。但它仍可能与历史阶段的转变相关,一个日常生活和重大事件同时发生着的场所正在转型。笔者并非唯一感觉到这一历史阶段转变之人。把现阶段称作"晚期资本主义",就必然要把即将到来的历史阶段称作"……早期"。我只是试图把重点从"正在经过"转向"正在诞生",并为后者加上恰当的新名称。即便这不过是我们以更高的维度阅读居伊·德波时可能产生的一种癫狂状态。

为什么要选择德波?借用一句话,他对于我来说好像一个思想的"难以逾越的地平线。"他的思想是克里奇利所称的"积极虚无主义"中最具活力的。他从人类需求本体论的视角,提出一种彻底推翻商品崇拜主义的思想。他做出了独特贡献,包括拒绝任何列宁主义、斯大林主义、托洛茨基主义和毛泽东思想的诱惑。而这些主义和思想在21世纪初以怪诞的幽灵般的复活了。作为一个"经常出门旅行的理论家",他惯于搭便车。他很早就说过"在一个统一了的世界里没有流亡者"。这个世界最接近我称作的"第三自然界"。

厄内斯特·拉克劳提出马克思主义分裂为三支,德波是其中最极端的形式。第一支是"本体论"的,强调一旦社会中过去被扭曲的各种"代表者"被克服,社会可以实现"自我和解"。第二支为"伦理"的,它弱化了"本体"层面的意义,把它归属于一种规制性的伦理思想。历史成为偶然。作为变革的代理者阶级消失了。德里达和克里奇利都有过类似陈述。第三支可以归为"美学"的,可以追溯到索瑞尔和葛兰西。拉克劳指出,"沉积于本体论的基岩之上的那些'社会代表者'开始溶解了。"拉克劳所属的一支为"话语马克思主义"。

假设我们不把"本体性"当做"代表"范围之外的东西,可以被代表者,而是把本体视为一种"意象",一种"信息"及其表达,结果又如何呢?这也许是阅读德勒兹和瓜塔里合著的《反俄狄浦斯》的一种途径。他们并非要通过攻击"代表"而把它归结为一种"前结构主义"的本体论。不如说它是一种符号生产的本体论。也许可以变换一下克里奇利的说法就是,现在有一种构成主义者虚无主义,其特征包括试图远离统治阶级的价值观,而不是推翻这些价值观;通过一些"是陨石而不是商业产品的概念",创造建构人类可能性之本体论的成为可能的条件。《反俄狄浦斯》一书采纳了尼采的赌注,认为"也许这些'流'尚未充分'解辖域化',尚未充分完成解码,"也许有可能"再进一步","真实情况是我们至今仍什么都没有看到。"在该分支的马克思主义,马克思的问题不再是历史的终结问题,或者关于灵与肉、物与符号相互妥协的"自然神学"。其实这是历史阶段转变的问题。历史何曾有过从一种可能性的平面一蹴而达到下一个平面呢?

或许需要一种纯粹的癫狂状态才能理解这种可能性,但它的确就在那里。也许在向第三自然界的历史转型的确打开了某种抽象物,表现为一种"物质性"与幽灵般伴随着它的信息之间的新型关系。甚或需要在"第三自然界"疆域内构建一个商品经济之外的新东西。也可能已经发生了呢。

实践活动的确存在着,它正在完成着使命。问题不过是确认推动社会变革的力量究竟是什么,进而分析这些力量的共性何在。令人失望的"商品经济"几乎对任何挑战都束手无策,因此需要一副解药。克里奇利:"如果真有人发现了战胜资本主义之道,那肯定会有公司愿意购买版权和发行权。"我也有过类似感觉,但我不认为一切都不可避免。马克思在《共产党宣言》里反复强调,社会变革的力量是那些提出"财产问题"者。

一个复制物幽灵似的在世界出没,一个抽象的复制物。它不仅使我们想到马克思所说的幽灵,更提醒我们注意德里达著名的对马克思的"幽灵学"解读。德里达认为,马克思结合了"幽灵论"的"幽灵的幻影"与本体论的"前结构主义",能够肆无忌惮的造词。对德里达的观点,克里奇利解释为:"幽灵就是若隐若现的不明之物。"其实就是那些尚难以理解之物。也许这就是对"德里达的马克思"恰当的解读,而且对我们特别有利用价值。正如克里奇利所论,"我们不妨把'幽灵'的逻辑和霸权的逻辑联系起来。也就是说,如果我们摈弃——我们必须如此——共产主义的非自然神学的末世论:资本主义的固有矛盾必然导致革命的爆发,那么政治和政治-文化-经济霸权化则是根本变革可能发生之必然条件。"克里奇利其实暗示把德里达和拉克劳的马克思主义的第三支相联系。

但那也未必是唯一的选择。也许第一类"本体论"的马克思主义并不像拉克劳所坚持的如此详尽。也许另外一个问题就是当代技术——经济统治的世界产生如此幽灵般的差异。或许不应该单方面的放弃经济基础/上层建筑这种对比法,而是加以运用。关于"话语马克思主义"有一点我们可以确定,它并未超越经济基础/上层建筑隐喻,而是把自己隐藏在上层建筑中。也许到了通过"对拓性"概念——财产概念,重新思考这一关系的时候了。

私有财产形式,严格地说,既不属于技术——经济基础,也不属于政治、法律、文化上层建筑。这是一个把一种语言——关于价格利润、工资与损失的语言——翻译成另一种语言——关于案例与判例、法规与治安的语言的场所。这也是一个用于观察新的阶级关系是如何诞生的边界线。一方追随着货币,另一方追随法律。

正在发生于私有财产形式的是信息转换为私有财产。该过程一方面巩固了一个新兴统治阶级的法律地位,另一方面提供了一些新型关系,用以控制那些新的生产力量。也许一方信奉的是霸权逻辑,而另一方信奉的是生产逻辑,该逻辑提供新的阶级地位,其中有可协商或不可协商者,并以新的方式结成联盟。

信息转化为私有财产是把信息"幽灵"法制化。该过程生成了一个新的生产阶级,即黑客阶级。他们生产的是被知识产权所俘获的"新"。该阶级能够制造出"有重要作用的差异性。"你可能是一个重视文化的化学家,或者一个音乐家、编程专家或哲学家,也许你们之间几乎没有什么共同之处,但这并不重要。知识产权能够导致我们的生产变成等值物。

知识产权还生产出一个新的统治阶级,"矢量阶级",它拥有实现"黑客阶级"所生产之价值的工具。有时候仅此而已。根据《商业周刊》报道,"矢量"企业不仅外包其原材料掠夺的业务和外包其产品生产之业务,也外包其设计业务,利用其"矢量"网络来降低黑客劳动价值。

> 究竟何人最终从这些创新业务外包中获取最大利益,结论上不明了。早期的证据表明,西方这些巨人仍然凭借掌控其全球性网络来维护其领导者位置……现在已经明确的是,仅凭借雇佣大批工程师并不能确保一个公司掌握自己的命运。而那些擅长获取全球创造力和技术的企业肯定会成为赢家。

换言之,"矢量"企业可以控制版权、关键性专利权、知名品牌和管理信息借以转化为"物质品"的各种矢量所需的后勤服务工具。其他一切都可以弃之不顾。维亚康姆集团、耐克公司、默克集团和索尼公司都是这种类型。不同行业都在发生这种情况,而且过度发达世界或欠发达世界都感受到了其影响。

到目前为止,一切听起来都像个挺严峻的故事。商品化尽管可以改变形式,但仍在不断扩散。尽管我们也许认同的确有新的阶级围绕新的财产形式在生成,但对阶级的体验却在消散,趋于微型化,甚至感觉不到其存在。然而,信息转变为私有财产伴有一个突出的特点,缺少"必需性"。不同于土地或资本,信息不存在稀缺性。财产形式变得如此抽象,甚至奢望包裹起已经成功逃脱之物。

现在或许你要发问:为什么只讨论信息,而不涉及话语、语言,甚至"幽灵"?这又把我们带回了"技术——经济"问题。"信息"起源于"复制"运动。首先,数字技术在生产出作为概念的信息的同时,也把它从任何一种既定的物质形式的特定体现中解放出来。一旦信息被数字化,它与"物质性"的关系就变得具有偶然性和随意性。它不得不呈现一种物质形式,但又总能够越过物质的束缚。其次,如此进行信息的生产,使其具有成为商品的可能,但受到一定程度的限制:它与其客体只存在认同关系,归主体所占有。此处需要法律"上层建筑"的直接介入,以创造商品性延伸到数字领域的条件。

信息是否总是被体现、依赖语境、具有关联性?如果我们有过人文学科和社会科学方面的训练,我们对此一定持肯定态度,类似一种神经反射。但真正被体现、依赖于语境的、关联起来的是何物?这是最诡异之处,因为信息本身的特性。我们对它知之甚少,即便现在它已经被困于财产与商品,著作权与所有权的法律形式之中。但它不断在逃脱。打开你的电脑,连上宽带,肯定能享受到来自好莱坞的最新的爆炸与追车场面。打开 CD 与朋友分享。再下载几篇期末论文。

如此给我们留下最后一个来自马克思的问题,组织和联系形式的问题。问题可能并非还需要发明什么新东西。大概黑客们并不缺少组织方式。也许不再是要不要"全世界的工人联合起来!"的问题。也许黑客政治中更关心的问题是"全世界的工作联合起来!"作为"黑客"伦理的替代者"黑客"政治在特劳伊·斯托尔得到了最清晰的体现:在我从事劳动的世界里,信息业也具有稀缺性;我们之所以愿意付出报酬只是为了得到别人的认可,承认我们在这个绝对产权的世界里可以获得他人无法获取之物。

大陆哲学界更希望马克思主义遗产比实际情况更少一些"异质性"。如果坚持惟唯物主义是尊,总会导致你离开哲学,甚至哲学实践,去寻找其他途径来探索世界,发现其存在的证据;"浅俗理论"就是这些行为产生的结果。对哲学而言,把马克思从根部剪除,将其作为一个哲学,以哲学家对待,同时把他请出"浅俗理论"世界,恢复其"高雅理论"地位,这样反而更容易。长期以来为此所做的各种尝试都分离了经济基础与上层建筑,或者说分离了事物的主观方面和客观方面。结果产生了"话语马克思主义"。

随着"面向对象的本体论"的崛起,情况发生了改变。"面向对象的本体论"摈弃了欧洲大陆哲学阐释学的一面,因为该侧面认为思辨性的主体在对真理的指认上起到了构建的作用。在这里,真正的挑战是,与其要摆脱马克思对一种哲学的影响，不如把马克思的遗产重新植入该哲学。表面上看起来，马克思更适合于"面向对象的本体论"世界，而不是凌驾于"话语马克思主义"。

本人并非哲学家，哲学知识有限，尤其对现象学不甚了了。我阅读"面向对象的本体论"也主要出于实际需要。我比较感兴趣的是知识的政治学。我相信还有与"面向对象的本体论"结成的"兴趣共同体"存在，不妨探讨一下。

笔者虽然不是哲学家，但是个马克思主义者。马克思主义不是一种哲学。我以为人们对马克思主义与哲学的联系是言过其实了。马克思虽读过黑格尔，但也读过达尔文和李嘉图，而且和后者的关系要重要得多。他同柏拉图与圣保罗的关系不大。我们应该觉得，马克思的博士论文是关于德谟克利特与伊壁鸠鲁的就能说明问题，恩格斯坚持把马克思的思想基础定位于自然科学。劳动过程只是马克思关于一个更为广泛的过程，即自然过程的相关理论与实践的一个分支而已。恩格斯19世纪做出的关于自然哲学的论述，受到20世纪更先进的现代科学的质疑，也许恰恰是《自然辩证法》之优点而并非缺陷。

我们所称的"西方马克思主义"，产生的基础是卢卡奇、柯尔施和葛兰西等人，或者至少在他们的思想中形成的一支脱离马克思主义的力量，它驱使马克思主义偏离自然科学和物之间的关系的问题。那么对土壤化学兴趣盎然的马克思，在卢卡奇的《历史与阶级意识》中几乎踪迹难觅了。

那么简·本内特就可以书写她所追求的"唯物主义是'德谟克利特——伊壁鸠鲁——斯宾诺莎——狄德罗——德勒兹'，而不是'黑格尔——马克思——阿多诺'传统。"她和很多人的选择一样，似乎更愿意接受康德版本的马克思主义作为主导形式，在该版本中人类自由领域和未知领域之间的分界依然存在。因此，似乎我们的思维是难以在经济基础与上层建筑之间的"对拓线"上游走的。

如果要找出一个关键时刻，马克思主义的传统开始偏离其"德谟克利特——伊壁鸠鲁"起源，暂且不论它与达尔文的联系，应该是布哈林的《历史唯物主义》教科书被接受的时候。但卢卡奇、科尔施、葛兰西都提出过反对。遭到反对的重点是布哈林强调作为生产资料的社会生产是历史唯物主义世界观的关键。比如卢卡奇认为，这种物质——劳动的相互作用完全从属于劳动——资本的相互作用。换言之，首要动力只存在于社会领域。布哈林的著作完成于战时共产主义失败、大饥荒肆虐，内战爆发的前夕，因此自然会更结合实际的思考生存必需品的历史与历史的必要性之间的关系。

布哈林的教科书的诸多优点中，就包括比较正确的描述了人类集体劳动与自然界之间的相互作用可能造成难以预测后果的气候变化。这也不像看起来那样令人惊讶。20世纪初期时物理学已经广为人知。不太为人所知的倒是布哈林对整体性问题的开放态度，该问题提出整体性可以用具体的术语展现出来，正如物体之间的相互作用形成了一个星球的开放系统。

布哈林的思想来自他后来拒绝承认的名师亚历山大·博格丹诺夫。博格丹诺夫在更早时候已经写过全球变暖话题。如果说布哈林是斯大林主义的最知名的受害者，博格丹诺夫则是他的不幸的前奏，他甚至在1917年之前就成为列宁主义的受害者，被驱除出了共产党。因此两人公开场合保持着一定距离。但为什么在21世纪初的今天，当年斯大林、列宁的残忍以及乔治·奥威尔作品中刻画的西方自由主义者的淡忘性，还在阻碍一种重要思想传统，甚至思想实践的传统的重建呢？

当下重新联接到这种传统显得尤为重要。我们现在需要的是某种既有概念意义又有实际意义的知识的实践，它的研究计划既取自其外部的某种计划，又不会预设其研究结果。需要提出实用主义的问题，而不是实用主义的答案。譬如"浅俗理论"，可以穿行于人文学科和社会科学实践之间的对拓线上。

与蒂姆·莫顿一样，笔者也以所谓的气候作为此类计划的核心事实。这样的一个知识计划既非政治也非社会的。它实际上关注于物的世界所发生的事件。其政治与社会性取决于这些物自身的社会、政治属性或地位。

"面向对象的本体论"在帮助我们走出"话语马克思主义"时的主要用途在于，可以使我们脱离"阐释学"的虚妄统治，因为"阐释学"已不再仅仅被视为一种方法，而已经变成高高在上的至尊方法。无论是一个主体施加于对象(物)的思想还是实践活动，在一个由其他"对象"构成的世界里，都无法了解该对象的含义。其实马克思已经想到了这一点。前者出现在其《费尔巴哈批判》里，第二部分关于实践的限制，出现在其商品崇拜的相关理论中。社会劳动被组织成为酬薪劳动是一种实践活动，但这只抓住了"对象"的一个方面。

该马克思主义传统的核心思想是，实践是社会性的。在主体方面，实践不是由"单子"完成的。未引起人们足够注意的是在"对象"方面却不然。在《资本论》关于劳动过程的一些章节，我们可以清晰地看到在大自然向第二自然界的转变过程中，相互作用的"对象"的复杂性。马克思的著作中提到了大量的事例，说明在这些复杂的实践活动中经常产生始料未及的后果。在他对禁止盗伐立法产生的生态作用的记述中，已经表明他认为这些后果是他思想工程的基础。

一个手里拿着锤子的人看什么都像是钉子。对持有思想之锤的大陆哲学家而言，每一个实践活动都好似钉钉子。但马克思并不认为实践就等于手里持有锤子的人。实践总会涉及多重对象物。正如著名人类学家戈登·柴尔德所述，即使在旧石器时代已经如此。"对象"之网络"总是已经"存在，锤子只归属于"部分对象"。

柴尔德关于印度河流域文明的一些叙述令人称奇不已。他把那些文明喻为河流水面上泛起的泡泡，而它们都是延续了数千年的生活形式。但如果你把50万年作为时间单位的话，几千年的确算不了什么。几百年就更不值得一提了。通过耐心分辨那些考古对象，柴尔德完成了至关重要的知识分解。看起来物体自身的形成也特别需要不同的时间。

鲍格丹诺夫也进行过类似的知识分解。其最独创性的贡献包括把达尔文的"物竞天择"思想引入无机物世界。它通过达尔文更新了伊壁鸠鲁的思想。"对象物"何以"生生不息"？为何物的世界并非完全混乱无序？结果他创立了一个有关完全尺度独立的物的变与不变的理论，并命名为"组织形态学"。

鲍格丹诺夫的"组织形态学"是在"现象学"基础之上建立起来的，

不过是恩斯特·马赫的"现象学"。这是康德二元论问题的一个不同的解决方法。这也是"奥卡姆剃刀原理",意在清除实物自身存在的冗余概念。当时是科学的哲学后撤时期,因为科学本身变得更有趣也更复杂起来。马赫和鲍格丹诺夫不得不采取收缩防守的战术。笔者以为这是当时他们明智之举,但本人不是哲学家,所以不是自己的专长。其实这也不是鲍格丹诺夫的专长。在遭到列宁的强烈反对后,他只好龟缩起来防守,然后另觅一种新型知识政治的空间。

今天对我们有意义的倒不是鲍格丹诺夫的"一元论帝国",而是他究竟为什么要阅读科学哲学。恰恰因为作为实践的社会劳动力在理解世界上的局限性,需要建立一种新的构造学。"组织形态学"正是为了满足劳动力的自我教育需要的一种启蒙课程。"组织形态学"是一种尺度自由、场独立的关于任何物体动态平衡的理论。但它并非一种教条。其创立目的是指导科学和艺术领域的实验性实践活动。它开启了一个新的领域,由特定劳动力与特定对象物的关系,升华为所有对象物之间可能关系的概念领域。简而言之,这是一种黑客教育学。鲍格丹诺夫认为,1917年俄国革命的意义之一是提供了一个综合劳动实践活动与发明实践活动的途径。

作为知识政治学的"组织形态学"显然是失败的,其原因是多方面的,包括自身的局限性与困难,包括列宁领导下的"大科学"的崛起以及斯大林时期灾难性的科学政治化等。这些是以后讨论的话题,下面谈几个局限性问题:

我们今天真正需要何种知识实践?是不是该类似于"组织形态学"?是否需要以解决具体问题为目的的跨专业性合作,而这些具体问题又难以简单的归结为普遍话语中的某种劳动分工?比如如何缓解气候变化问题?哲学解决不了,物理学、政治学也解决不了。但以解决问题为导向的实践活动也许可行,比如"组织形态学"。

在人文学科范围内,这或许意味着我们要摆脱人类自我中心的时间框架和尺度约束。在科学领域,也许意味着我们需要小心我们总希望对象物在某一可以证实的理论架构下变得一目了然的冲动。现在最值得关注的也许是实践而非理论,是应用科学而不是所谓的纯粹科学,而且不仅限于人文学科如此。这也是黑客的属地。

雷萨·内加雷斯塔尼的《新物质风暴》一书中最令笔者钦佩之处包括他如何把碳想象为一个中介物,而且只不过是阳光对地球的一次次重创造成的副产品。但的确在该领域不乏浪漫主义成分,不过和本内特小姐不同而已。因此笔者特别支持某种"构成主义"——社会构成主义——的诞生,在被忽略的马克思主义中伊壁鸠鲁和达尔文主义的一面已经若隐若现。

针对"面向对象的本体论",笔者更赞成一种"面对实践的本体论"。实践有其自身的局限性,但愿意构建对实践之实践,意在了解"对象"之间相互作用所呈现的"奇特性实践",如何才能实现呢?答案是某种对话。当然对话也无需掌握专业哲学的语言游戏,需要的是夺取锤子之类的奇怪的实用物品。

"面对实践的本体论"仍是棘手的问题。它不是井井有条的知识体系,像阿尔都塞试图规范化的哲学的、科学的、社会科学的都不是。它倒更像J·D·贝尔纳对二战时期诺曼底登陆事件的评析。这种知识更主要体现在对事件外部环境的反应,而不只是关起门来炮制自己的内部方案。

坦克能否驶出水陆两栖的运输船然后爬上某处海滩?回答该问题需要哪些知识呢?贝尔纳的答案包括:坦克的工程学规范;潜水突击队员获取滩头沙粒的样本;情报人员收集到的滩头照片和明信片;渔民的有用的知识;制图学的历史(包括制图业的历史),一个中世纪的传奇故事,讲述主人公通过一个已经不为人知,但可能被沙子掩埋起来的暗道逃生的故事。

这并非真正的科学,也不能说是非科学,但是"黑客行为"。类似于本·布拉顿所称的"地缘政治设计"。这也更接近于医生的工作方式,而不是哲学家或科学家工作方式。那么鲍格丹诺夫曾经接受过医学教育,也就不令人奇怪了。也许21世纪的知识实践应该接近于训练医生的方式,只不过不给人类治病。这也就是我命名的"面对实践的本体学"。我想我们将来对此会有更大需求,尤其可能是在本世纪内可能出现的类似于战时条件下。

我们也欢迎"面对对象的本体学"能够发生某种"物质性"转向。它应该不只关注文化、语言、政治、伦理、主体等等那些"话语马克思主义"所普遍涉及的特征。通过将"对象物"转变为思想的"对象"而不是行动的"对象",它再次脱离了知识政治学问题。一个物体与另一个物体遭遇时自身绝不会耗尽。实践作为一种工具性行为作用于物体时,也不会耗尽该"对象"。至少我们在促成不同的实践之间的相互沟通上前进了一步。比如人文学科的实践与科学实践之间,同时在它们之间延展至艺术与政治的浅俗理论,至少部分开启了世界某些可能性的领域。黑客的身份之一,就是存在于这些实践之间的"界面"。

但只要涉及黑客话题,就不能不提产权问题,不再纠缠于纯粹学术性的知识的生产问题。那么减缓气候变化所需的这类知识,真的能够在当下这种知识从属于知识产权的"审美经济"领域内产生出来吗?而且在"审美经济"环境中,即使在知识领域,所有重要方面都是在拥有正式规则和措施的"游戏空间"内衡量的。

写于印度德里

15. "黑客宣言"的思考

尼古拉斯·尼葛洛庞帝呈现的是"矢量阶级"所希望的黑客面孔。他就是个福音传教士。很久以前资产阶级派出手持圣经的传教士前往世界各地。在资产阶级走向衰落时期，它派出的是谙熟弗里德曼思想的技术专家们奔赴那些新生的独裁国家。尼葛洛庞帝有更好的主意。

> 尼古拉斯·尼葛洛庞帝计划空投[每个儿童一部平板电脑]到偏僻的农村，以帮助村里儿童接受基本阅读教育……平板电脑本身就行，无需任何其他成年人或教学资料。尼葛洛庞帝声称他完全相信平板电脑是专门为儿童设计的，他想了解这样的平板能否在无任何指导的情况下教会儿童阅读。

好在平板设计上能承受30英尺高度的落地震动，尽管孩子们的脑袋并未专门设计来承受空投的平板。

在过度发达世界里，资产阶级已经死去。它既不统也不再治。权力已经掌握在笔者所称的"矢量阶级"手里。老的统治阶级控制的是生产工具，而新统治阶级对生产的物质条件，对采矿、鼓风炉、流水线等兴趣不大。它的权力所依不是这些东西，而在于控制管理这些东西所需的后勤设备。

"矢量阶级"的权力体现在两个方面：强度与广度。体现强度的是矢量的计算能力。它是一种模仿与模拟能力，也是控制与计算的能力。它还是玩信息的能力，能把它变成诗歌，也能把它变成散文。体现矢量广度的是其异地传输信息的能力。它具有把一切动员起来、都合并成资源的能力。其广度同样既有理性也有诗性。

"矢量"阶级因此有能力放弃那些老的统治阶级所依靠的机器设备。它不在乎谁在实际控制鼓风炉或流水线。它通过合同形式让出了这些东西。制造业在中国或者服务业在印度的崛起，并非标志这些欠发达国家已经进入发达的资本主义世界。实际上它们要面对的是一个由"矢量阶级"控制的过度发达世界。

促使"矢量阶级"联合的只有他们共同的愿望：无需再像他们的前任资本家一样，不得不与劳动力达成妥协。20世纪发生了诸多悲剧。它是一个社会主义世纪——但其胜利基本都归西方。在西方世界，劳资双方打了个平手。资本家不得不让出相当比例的剩余价值进行社会化。因此我们得到了义务教育、免费医疗、选举权以及（部分的）妇女解放。《共产党宣言》的一些宗旨的确变成了现实——不过是在西方国家。这也是目前正在扩散开的妥协。

"矢量阶级"对在民族国家范围内可利用的生产和消费空间渐渐失去了兴趣。福特主义已经死去。"矢量阶级"最渴望的是与世界建立这样一种关系：世界向"矢量阶级"完全敞开自己，而不要求后者做出任何承诺。这也许可以说明为什么最能够体现"矢量阶级"力量的文化形式是色情文化。

但"矢量阶级"在其战略与兴趣上也未必统一。至少可分为两大派系。整体"矢量阶级"可以称作一个"军事——娱乐复合体"。两个派系的区别在于，一个把娱乐当做军事战略来经营，而另一派则把军事战略当做娱乐来经营。两者之间的关系可以借用威廉·吉布森在他的长篇小说《幽灵国度》中使用的"冷内战"来形容。

21世纪初美国政治景观所呈现的正是这种"冷内战"的表面作用。一个派系只对资源战略感兴趣。它自以为在伊拉克获取了最后未开发的油气，因而不遗余力的要建设后勤基础设施以确保其安全。它的伊拉克冒险不仅没有失败，反而是大获全胜。它对伊拉克究竟是否"民主国家"从未真的当回事。从各方面来看，伊拉克越不稳定越好。那些所建基地不是用来保护人民，而是保护石油的。

"矢量阶级"内部的另一大派系对该战略的代价却忧心忡忡。它的兴趣不在于对大自然的战略，而在于"第二自然界"的后勤建设。它所关心的是如何利用品牌、专利权、版权等,来协调生活的所有方面。如果说资本家阶级的权力最终归结为"占有","矢量阶级"则是"表现出"。商品实物的品质已经从属于"表现"商品品质的后勤支持和"诗性"。

该派系的"矢量阶级"需要面对的是一些完全不同的问题。商品的"去物质化"威胁着价值稀缺性的原则。数字技术实现信息内容与其物质形式的完全分离,开启了文化物质大规模社会化之门。在某种程度上这也出乎"矢量阶级"的意料之外。他们过去未能完全料到私有财产并非文化的"自然"形式。

我们正亲历着一场大规模、未名的、未露真容的社会运动,它从商品化的文化中获取原材料,然后将其转变成共有财产。好消息是这场运动基本上已取得胜利。在经历几个世纪的私有化之后,文化又重归我们所有。当然胜利只是部分的有限的胜利,和当年"社会主义"在西方的胜利相似。它只表现在文化方面,而在"矢量阶级"权力的其他方面并非如此。不过即便如此,也还是值得庆祝一下的。

当下"矢量阶级"政治就是围绕如何实现文化价值的某些方面再商品化,使之重返稀缺状态。比如"苹果公司"的 ipad,其手段就是把它设计制造成令人膜拜之物。再比如"脸书",其宣传口号是我们一起制造快乐,为此我们不得不忍受那些广告。其实此类媒介根本没有前进一步,反倒是"景观社会"的一种退变形式。我们不仅被动地消费这些图像,而且自己还不得不参与制造它们。

这里采用的模式是尽可能把带薪的图像生产劳动力的数量减少为零,而且支付的货币形式为"承认"。我们还要为制造出我自己的"景观"付出代价。"矢量阶级"权力在退出对文化产品的直接占有,加强了对"矢量"的控制。我们得到全部文化,而他们得到全部收入。

还有一部分"矢量阶级"成员在反其道而行之,走向完全封闭的所有权世界。在线游戏通常属于此类。在"魔兽世界"游戏里,你要付出代价才能有机会拼命去赢取那些虚拟的稀缺物品或地位,因为你永远无法真正得到它们。它们还是别人的私有财产。"魔兽世界"就是"矢量阶级"所完美打造出的虚幻的权力世界。你什么都需要租用,而他们随时可以把你驱除出去。

在努力实现信息解放的社会运动与进行信息控制的一派"矢量阶级"之间，是在夹缝中生存的黑客阶级。任何为他人劳动，生产所谓"知识产权"的人都是"黑客"。该阶级是一个处于矛盾中的阶级。一方面，我们依赖那些掌握着实现我们生产产品价值的工具的"矢量阶级"，另一方面，我们从信息私有财产中几乎一无所获。信息可以说是我们生产力的一个枷锁。

我在2000年最初提出的"黑客阶级"概念，之后的这些年间不断有人指出，即使该阶级真的存在，但它根本不会意识到自己会成为一个阶级。坦率地说，我认为近几年的信息政治已经证实了我的构想。"黑客阶级"的确不会在"国际劳动节"这天扛着红旗到大街上游行。但他们完全可以组织起来呼吁或应对诸如网络中立、创造性共享、科学成果公开出版、挑战愚蠢有害之专利等等问题。相当于当年老的工会运动中产生的"工会觉悟"，今天也当应运而生了。

安德鲁·罗斯指出，有些人对黑客阶级课题持否定态度，认为'黑客'不过是一群"受挫的技术精英，因为他们崇尚自由意志的世界观与固有权力的利益发生了冲突。"这种看法也有一定道理。不过如果你对美国有组织的工会活动冷眼旁观，你可能也会产生这种世故的态度。一个阶级实际状况与其可能达到的能力之间总会有一定的距离。

其实问题在于如何把这种局部性的或就事论事的对黑客阶级意识的视角转向一种完整的世界性视角或不同的世界性视角。挑战在于如何从我们自己的观点来思考社会整体。要设想在不同的世界里我们的利益与民众的利益息息相关。要做到这一点，笔者认为我们要再向前推进一步，跨越诸如"创造性共享"之类的妥协形式。如果我们不只是争取知识产权的自由化，而是设想一个不存在知识产权问题的世界，结果又意味着什么呢？如果我们从思想到实践上都把信息视为既不稀缺也无所有者之物，又会怎样呢？

笔者认为，尤其重要的是，要逐渐培养起一种共识，使我们的运动不再接受妥协形式作为可选项。因为这些妥协形式虽然给了我们有限的自由，却把矢量的实际控制权和所有权都留给了"矢量阶级"。好的策略都需要一些弥补措施，更不必说"先锋主义"的极端形式之一"情境主义"。克里斯汀·哈罗德认为："也许这是因为，'情境主义'像所有优良品牌一样，容易被篡改，并且产生不同结果。"但有时候看起来根本行不通的策略后来证明了自己，也有时候表面看起来煞有介事，特"专业"、成熟的运动发展，结果却承受不了自身之重而崩溃。对"先锋派"而言，它也许还能找到自己的角色。在把渐渐失色的艺术和政治形式抛在身后，现在它面对的是我们时代新的权力形式。相信这些形式也会成为过眼烟云。

2007年"电台司令"乐队与"百代唱片"解除合同之后，把他们的专辑"在彩虹中"通过互联网向歌迷出售，价格由歌迷自己决定。这一事件在当时被认为是自由文化运动力量的标志。你可以选择不付一分钱，照样可以得到唱片。此事件肯定包含赠予经济的成分。赠品总会给接受者带来一些责任。如果我出售物品给你，我对你负有某些责任。我必须向你提供约定的产品或服务。如果我送给你某种物品，你就对我承担某种义务，或者至少有某种微弱的普通义务在某个地方，回报某人。"电台司令"深谙此道。新专辑作为赠品送出，产生了宣传效应、听众的好感，增加了之后演唱会门票的销售，甚至得到一些现金回馈。很多歌迷确实想为专辑付费，只是以回赠的方式。因为他们愿意践行自己的义务，而并非被迫或担心要承担法律责任。

但把文化产品作为礼物送给别人也有其局限性。因为礼物需要用"矢量"进行发送，实际上增加了"矢量"的价值，而且也不是免费发送。"矢量阶级"更具有前瞻性的战略就是守住这个要塞，决不轻易放弃。因此我建议免费的文化品不应该成为目的，而是一种手段。笔者以为"黑客"应该不断提起财产问题，而不要固定于某种模式。

以笔者所称的"赠品权"为例。在著作权之外现在有了"著佐权"，但两者都认为产权形式是毋庸置疑的。"著佐权"是对知识产权以辩证法的形式进行否定。使知识产权陷入自相矛盾。当然或许还有其他非辩证法的策略，不是反对知识产权，而是要挣脱其束缚。如果不是把自己的文化品以抽象的形式不加区分的送给任何人，而是具有针对性的量身打造呢？这有点类似于连锁信模式。在"占领华尔街"运动之前，"占领"文学早就以奇特pdf形式广为传播了。它们经过特殊设计，可以进行传播，当然无需亲自送达，只需要电子邮件就行，但不会轻易被搜索到或任何人都能任意下载。

其实这里也有矢量权力的介入。他们把这种方式叫做"病毒式营销"。游戏的玩法是想象该战略的其他用途。更进一步就是发明新型关系。但谁知道会是什么样的关系呢？至今尚未亲眼目睹。

最后笔者想提醒一下，警惕我们最常见的"自我理解"方式之一，就是不假思索的接受习惯。我所指的是"海盗传奇"。我们不是海盗，只是黑客而已。两者区别在于，海盗抢走他人的财产。海盗故事的确具有浪漫的一面，却是违法的。违法性主要强化了财产的概念。

其实怎么称呼都无所谓。不叫"黑客"，叫别的名字也一样。但不是海盗。海盗抢夺他人财产。首先黑客是从大家所有的财产中创造出新的内容。信息渴望自由，而锁链却无处不在。海盗形象倒吸引了大家对锁链的注意力。黑客形象则强调了信息在本质上就应该是自由的，不应该受财产形式的束缚。这是我们的生存之道而且我们依然是社会性生物。我们绝不是在逃窜或撤退，游戏才刚刚开始。

海盗式人物也并非一无是处。2011年的柏林市政选举中"海盗党"赢取了若干席位。其纲领综合了支持最低收入保护、毒品使用的合法化和信息权的精细定位。然而，"过度发达国家"的进步政治的未来可能依赖于综合劳工阶级和广义上"黑客阶级"利益的一系列的实验。也就是说，是否可以说政治存在于矢量的生产目的之外的用途。在随后的两篇文章里，首先将讨论的是，随着第三自然界的发展，美国的政治发生了什么样变化。其次，接受美国"后政治"风景的最关键"界面"之一。

写于法国巴黎

16. 政治之后：矢量为王

政治总离不开图像与矢量。在政治行为中,总有人要说服其他人某种权力是合法的,某个行动方案是符合他们利益的,某个政策是正义的,或者某个领导者是胜任的等。但仅说服还不够。还需要政治角色参与协调政治表演。为了演出的一致性,表演者要聚到一起。简单地说,政治就是两个方面的协调:图像与矢量。那么问题就来了:矢量形式上的变化——比如互联网的兴起——究竟对政治行为的可能性产生什么样的作用呢？有些人认为互联网改变了一切,不论政治还是其他的一切。也有人持怀疑态度,比如迈克尔·沃尔泽。要具体梳理出在媒体形式发生变化之后,政治的哪些方面发生了改变,并非易事。

了解互联网影响的方法之一,是把它和之前的矢量体系与政治的关系进行比较。现代政治相继发生于三种不同形式的矢量体系之中。第一个是邮政服务与印刷体系。第二个是电话与广播(从收音机到电视)体系。第三个是手机与互联网体系。当然这只是粗略的划分。媒体和通讯其实很难准确分离。新型媒体并非替代老的,只是逐渐夺取其位置。当然还有其他类似的情况值得注意,但某些趋势是显而易见的。

矢量又可以分为两个方面:媒介与通讯。通讯前后发展阶段为邮政、固定电话、手机。通讯速度越来越快,像"带宽"的增速一样。传输量与速度都在提高,但在固话与手机之间有个重要的突破。通讯不再限于固定的点与点,而是发生于移动的点与点之间。那些点也不再是一个个家庭,而是许多个体。区分住宅电话与办公电话已经没有意义。手机可能两者都是,也可能都不是。这样公共空间和私人空间的区别在此消失了。稍后就有了"网络空间"——不妨称作"移动空间"。

现在来看看媒体的形式变化,情况有所不同了。在印刷形式和广播形式之间有一个大规模的发送者的增强和"中心化"阶段,同时接收者也在发生相应的扩张,几乎覆盖了全美国。这一过程直至互联网的过渡性前身——有线电视的使用才放缓脚步。有线电视开始分化观众群体,而互联网则将该过程提速。在这一点上,好像又部分回归到了前广播阶段。

在互联网和移动通讯时代媒体(报纸、电视)与通讯(邮政、电话)之间的界限模糊起来了。两者都有了灵活的点对点的邮政式传送路线,也都支持属于大批量印刷或广播媒体特征的一点到多点的通讯。进行激励或者动员的手段也不再截然不同了。

如果其他条件相当的话,现在政治角力的战利品最有可能为那些最充分利用某一种媒体体系突出的可能性包容度的人。其实情况一直如此。在媒体时代之前或通讯领域之外就没有政治。一切变化都是可以加以利用的策略。有人说今天如果你在电视上看起来不帅就很难当选,还真是相当有道理。再早时期,如果你骑马的姿态不帅也当选不了。如果只要在电视上看起来帅不帅是唯一条件的话,那约翰·爱德华兹就该是美国第42任总统了。

最有效地利用当下媒体和通讯形式是政治天才的一个标志。富兰克林·罗斯福起初并未经常利用收音机进行"炉边谈话"。后来经常使用了,说明他真正理解了收音机已经成为一种家庭形式。其他政客在使用收音机时,好像是在对着一个嘈杂的大厅喊话。而富兰克林·罗斯福明白,通过收音机讲话时,其实就是在人们家里做客。里根把这种理解用于电视讲话。听起来显然有道理,但试试看肯尼迪在屏幕上对着你大喊大叫,仿佛在一个工会大厅里讲话。再试试看你如何经受住调低音量的诱惑。

霍华德·迪恩在2004年的美国总统预选进行后,关于他的一个视频流传起来。视频中他站在一个舞台上卖力地演讲,竟发出了神经兮兮的吼叫声。如果用小屏幕近距离观看，他的确看起来有点抓狂，令人看了忍俊不禁。但迪恩当时是在一个极为嘈杂的大规模集会上演讲。现场观众当时并未感觉到他的状态有什么不正常。问题正是出在两种不同的场合间的差异，一个是在现场，另一个是通过介质。

里根面对电视媒体可以说游刃有余。多年来为"福布斯"排行榜前500的巨头"通用"公司做代言，练就了他的个人魅力。他的公共形象也是经过仔细打造以更符合媒体形象的要求。他从富兰克林·罗斯福的"炉边谈话"学到了如何把自己当成老百家里的客人，而不是声嘶力竭的专业政客形象，并完美地展现在电视荧屏上。

里根时期的共和党充分利用了计算机化的直接邮件形式为其竞选服务。它有效地发挥了传统的邮政服务系统功能，收集了大量关于普通家庭生活习惯的详细数据，然后通过直接邮件的形式为自己拉票。不知道您是否订阅了《枪械》杂志？这是来自您"全国步枪协会"的朋友的信息。通过借鉴其他直接营销模式，里根时期也开始了对数据库更高层次的开发利用。

2008年民主党竞选的胜利至少在某种程度上归功于他们对互联网和移动通讯的巧妙利用。民主党竞选的互联网战略可以从迪恩的参选和利用"meetu.org"召集民主党成员的社交聚会算起，这可以说是对共和党利用保守的教会组织进行动员的一种回应。还有广为人知的就是2008年在奥巴马总统选举中，特别用心的利用各种聚会收集手机号码，于是手机就成为了一个广播平台。当共和党还在为老式固定电话的自动回复功能制作预录内容的时候，民主党已经在用短信通知各地的选民参加投票了。

在2008年的总统大选中，早在大潮向对共和党不利的方向逆转之前，媒体已经转向了。这需要更深入的分析，不仅考虑媒体形式，还要还要考虑与修辞策略相关的形式。当时共和党已经统治了谈话类的广播和几乎全覆盖的福克斯新闻，民主党的媒体不得不另辟蹊径。在媒体形式层面，微博空间的崛起值得一提。当然微博空间也存在左右翼的分野。但凡右翼微博吸引现有媒体绝对注意力，左翼微博就填补真空地带。在这一方面,戈尔的"当代"有线网络和"美国天空"都没有做到。

修辞方面最关键的动作是"煽情"。简单地说,右翼惯常手段是"嬉笑怒骂"。在这方面拉什·林堡是无出其右。还有"福克斯新闻"的比尔·奥雷利。尽管电视喜剧演员乔恩·斯图尔特(囧司徒)使出浑身解数,但"反讽的距离"还是敌不过"煽情"。滑稽表演也不行,尽管我们可能会很自然地想到在2006年布什团队的白宫媒体招待会上,史蒂芬·科拜尔的精彩表现。正如西蒙·克里奇利所言,奥巴马大选中的修辞天才之举是选择了"信念"一词,然后用希望的感情丰富其色彩,而不是涂以"愤怒"的颜色。但要确保该策略行之有效,还需要能够驾驭新老媒体,尽管迪恩有过失败的先例,他还是相当新的。

竞选战略还包括如何明智的筛选那些基本上自然发生的宣传努力并确保其发挥作用。谢.帕德·费瑞的宣传海报和"will.i.am"的歌曲和视频"是的,我们可以"是典型的例子。虽然不属于"根源"媒体——两者都由媒体专业人士完成——它们也不是自上而下形式的宣传品,依靠购买战略性广告时间反复播放来强行植入人们的意识之中。它们选择的是侧面进攻战术,通过电子邮件、微博、"YouTube"等进行传播。成千上万的媒体制作中,有业余的也有专业的,有官方的和非官方的,经过互联网的过滤淘汰之后,这两个后来成了奥巴马大选中的象征性标志。

但是如果没有通讯工具来动员选民,再好的媒体也是枉然。此时手机和互联网就该登场了。奥巴马竞选时就能够用世俗的工具来动员世俗的民众(加上精神的作用)。在此手机的作用尤其值得探讨。互联网在一定程度上还是受限于家庭或机构的设备。它对宗教信仰更强的右翼和所有其他人一样有用。也许在家长制结构的家庭更有用。但手机的情况就不同了。它是动员年轻选民或者那些身份不受制于宗教或家长的人士的理想工具。

像很多其他产业一样,如果更廉价的话,政治也会用资本取代劳动。数字时代的大选不再需要一些曾经被地方政治机器严加防护的地方性知识。把奥巴马送进白宫的主要是来自城郊和"边缘城市",这里的社会组织网络尚不太稠密,只有"巨型教会"来弥补这方面的空缺。当然你可以用广播类的广告狂轰滥炸这些地方,但或许效果最好的宣传是挨家挨户做投票动员,而手机和互联网可以作为这方面的后勤保障。

所有这些花费巨大。因此霍华德·迪恩特别重视把互联网作为筹资工具。当然最易行的筹资还是来自那些大的捐资者,不过如果能以较低的成本,从广泛的基础上募集小额捐资也是很受欢迎的。它还改变了政党内部的阶级构成,即便目前程度有限。除"黑客阶级"之外,受过良好教育的白领工人阶级也会选择互联网作为一种政治武器。

每一种矢量都为政治行动创造出了可能的空间。而政治角色通常以试错的方法来对待它们。结果往往是比较微妙且复杂的。媒体在宣传自己时总喜欢渲染其革命性,但总有反对者站出来高喊太阳下面就没有真正新东西。但故事本身总是更引人入胜。

2008年奥巴马当选之后,游戏规则还是发生了某些变化。一些公司发现可以不受限制地花大把的钞票,甚至不需要公开自己的身份。法院的观点是既然公司也是"人",那么就不应该限制他们花钱的数额来表达政见。"言论自由"陷入了市场自由之中。

史蒂芬·科拜尔成立了自己的"超级政治行动委员会"来资助喜剧类政治广告,生动地说明了新的游戏规则是如何运用的。无论如何政治选举似乎又恢复其真面目:营销学的一个分支。尼克松说过,参选时是诗歌,当政时是散文。这句话现今版本应该是,参选时是微博,当政时是"状态更新"。为了赢得收视率,"福克斯新闻"推出了共和党内最具电视号召力的人物,聚拢了超级人气,然后卖给广告商。政治变成了审美经济的一个分支,充斥着统治阶级的利益。

在新版的"四大自由"中,"言论自由"应当改为"免于言论自由"。言论自由没有什么不好。但是"保守的"法理学家们似乎根本不在意就该名词的微妙之处所产生的复杂的自由话语,对他们来说,法律的全部意义就相当于确保资本以最大速度进行流通的交通法规。奥巴马漂亮的演讲结果也不过是空谈。听众最多的是那些价钱最高的言语。

政治还真的存在吗?还是步了其他"第二自然界"的那些事与物的

后尘？打开电脑你就能看到"桌面",上面摆着一些文件,桌角可能还有一个"垃圾箱"。你可以浏览"脸书",也可以读"书"或看"电影"。但它们又不是真实的存在。它们不过是一层需要更新的"死皮",目的是使"矢量"看起来似曾相识。也许政治就是这样的死皮。而矢量作为胜者,自然为王。

写于纽约州纽约市

17. "小女子"在注视着你呢

"老大哥"们的眼睛一只只都闭上了，上面都放着硬币。第三代金氏家族已经做好了继续统治北朝鲜的家族业务，而焚烧萨达姆·侯赛因和卡扎菲上校人物肖像而燃起的大火，甚至加剧了全球变暖问题。现在又有了新的全能者的形象，与今天的消费细节也更合拍。"小女子"们在看着你，从广告牌、杂志、大大小小的显示屏上，目不转睛地盯着你呢。

不过"她"的形象生产的背后不是乖戾的独裁者和他的一班宠臣，而是一群代理人、形象设计师、发型师、摄影师，当然还有不可或缺的模特们。全部产业的存在就是为了寻找和整饰那些真实的人体，因为它们可能蕴含着"她"这个抽象"界面"，这个当代想象的世界的核心模式之一。在当今这个"跨越时空的感知"所揭示的世界里，"她"占有得天独厚的位置。虽然不会在深夜派出秘密警察去踢开你家门，但"她"却可能送你到购物中心区掏钱买新鞋子，而且完全可能在你熟睡的时候就完成了。

暂且把"她"称作"小女子"。她和真实女性的关系并不大，尽管女性们未必都会觉得有必要和"她"保持距离。"小女子"甚至可能都不是女性或非常年轻。有时候男性的身体或更老年的身体也会侵占本属于"她"的形象。"她"也不总是白人。有时后"她"就是一个机器人，或者一个卡通形象或一支鲜花。"她"被吸引而相向的规范属于几何性的。

"小女子"是一种奇特的界面。我们可以长时间呆在游戏界面或黑客界面，但"小女子"界面让人难以接近。它更像一个孩子的脸。我们就从这张脸开始"跨越时空的感知"的全景之旅。它能够发出一些图片或故事"流"进入你意识的某些领域,而不允许你的意识进入某些已知的世界。也许和一个孩子的形象相似,"小女子"的形象有些"非人物"特征,它使得一些非人类的领域更易于接近。

"诗凡卡"伏特加公司 2005 年开始用一个"女性机器人"作为公共形象。设计者是参与过"阿凡达"、"异形"、"终结者"等著名影片制作的斯坦·温斯顿。"女性机器人"具有明显的女性特征,"她"从大型广告牌上注视着你,图片下方的宣传口号一语双关"你付了吗?"公交车身上有"她"稍稍倾斜的身姿,一侧写着"晚会神器"。

情况往往如此,广告本身并无明显不妥之处。事实不言而喻,"小女子"不仅不是一个女人,连人类都不是:你的下一个奖品老婆 100％钛制品。"诗凡卡"公司的宣传人员向我们解释,广告本意是要传达一种游戏精神:所有优秀人士都是既要婚姻,又要"性福"。虽然游戏性本身没什么问题,但并不能阻止人们对广告中传递出的"厌恶女性"因素的指控——而且更令人觉得匪夷所思的是,宣传者坦言,"小女子"所透露出的欲望甚至是非人类的。

"小女子"是女权主义成败得失的标志。和许多其他社会运动一样,女权主义成功的代价包括,把自己融入它所恰恰反对的一些秩序之中。妇女解放运动衍生出来一个有悖初衷的"女子权力"。正如法国《宇宙重建》杂志的未署名集体作者所论,"妇女解放运动不仅没有按设想的那样坚持把女性从家庭领域解放出来,而是把家庭领域延伸到了全社会。"

过度发达世界的生活并不像是"社会工厂",而更像是"社会闺房。"它甚至也扩张到了工作场所。在这些地方也要仪式般的遵守某些行为规则,处处谨言慎行,也许得有普鲁斯特的才华方能应付得了。不过《欲望都市》编剧的编年史般的记录倒也说得过去。劳动者变成了"多情的"劳动者,政治变成了家庭剧,艺术则成为室内装潢,重塑社会生活的斗争变成了厨房翻修。

对现实生活中的女性,也许不只限于女性,"小女子"是一个无法占领的界面,但又不得不与之进行某种协商。影片《穿普拉达的女魔头》在处理该问题时,是把它分解到四个人物身上,她们以不同的方式来处理身体与界面的距离。安妮·海瑟薇加入一家时尚杂志团队时,发现自己的地位恰好是一组卫星中的第三颗。另外两颗中的一个后来成为她的闺蜜(斯坦利·图奇饰),另一个则成为她的主要竞争对手(艾米莉·布朗特饰)。三颗卫星围绕女魔头——主编(梅尔·斯特里普饰)而转动。

布朗特不惜任何代价要做"小女子"——她拼命节食就闹出了不少的笑话。图奇饰演的同性恋闺蜜则是"小女子"的"永远的伴娘,无缘做新娘"。海瑟薇则左右为难,不确定究竟该做"小女子"还是要利用"她",这也是魔头梅尔保持的秘密。临近剧终海瑟薇选择了辞职,去了一家类似于《国家民族政坛》的杂志。她与"小女子"的纠葛也就结束了。这是一部关于存在与界面之差异的模仿成长小说。

"小女子"形象是一种通货,借此管理和感知图像世界的变化。"小女子"的形象无处不在,只能说明女性亲近自然的迷思有了一个新家,即"第二自然界",当今很显然就是注重修饰的家庭世界。让·鲍德里亚指出,"这就是信息,它像蛆虫一般无孔不入,像一个病态的癫狂的主旨,既影响到两性关系,也影响到厨房的装饰。"属于"第二自然界"的家庭世界充斥着意义。"小女子"则总管着世界的表面的"传播能力"。

"小女子"的乌托邦是家庭的,但家庭住所被想象为整个世界。"小女子"愿意被拍摄向某地的贫困孩子提供食物的镜头,以为这就是在拯救世界。或者被拍摄与某种产品一起的图片,也许产品销售收入的微不足道的一部分就可以另寻他人前往为孩子送去食物。"她"从来都不会以母亲的形象出现。"她"不会有亲生的孩子。"她"的界面总与其他界面形成协约关系,包括孩子"界面"。

照片上"超级名模"塔莎·德·瓦斯康赛洛丝"在马拉维访问由她帮助建成的诊所。"她少不了要抱着黑人儿童拍照。或者"超模承诺,在美国援助基金救助饥饿儿童之前,她将坚持裸体。"(其实一个超模恰恰成名于她身上所表现的"小女子"特征)。她"坚持裸体"倒没有什么不妥,因为有人愿意出钱让她展示"小女子"的外貌。"小女子"可以"裸露"自己,但不会真的"赤裸"。

"小女子"的语调可以表现得友好或性感,柔媚或狂野。她的表情或脉脉含情或冷若冰霜。在她的脸上你看不到"简的表情"（不信就搜索一下看看），但总透露着一个重要时刻之前或之后的神态。她并非总是"招之即来"，但总要作出"来者不拒"的姿态。不仅表情丰富，"她"的"处境"也不断变化着：或逛街、或上班、或独处闺房，甚至来到月球之上。"小女子"把所到之处都变成了自己的"室内"，把全世界任何地方都变成私人领域。

创造私人领域的力量源自美貌。"她"为自己美的光环笼罩着。当代话语似乎不无矛盾的坚持认为美貌是肤浅的，内在美更重要。但和古希腊人一样，在"小女子"世界里美貌既愉悦精神又不乏哲学意蕴。用德波的话说："善者昭昭，昭昭者善"美若善者，昭昭然，不为时光所羁。经历、衰老、繁殖、记忆等等——简言之，历史——无需昭昭然。时间的标记是那些流行周期的结构变换。除了刚过去的一个时期之外，流行倒也无需隐藏什么。

当然，"小女子"不只表现美，还要表现性。或者说"她"要传递一种脱离任何具体"性动作"的"性念"。自马奈的"奥林匹亚"之后，"小女子"与具体的性的关系变得尴尬起来，当然与具体的钱的关系也如此。"她"不能与两者进行公开具体的交往。因此，在当今欲望"自由放任"的世界里，对绝大多数"合法"的模特和演员而言，色情却是一道红色警戒线。即便极少数的例外现象，如前色情明星转行的演员萨莎·格雷，如果仔细分析，也符合这一原则。

"小女子"更多的是表现"诱惑"而不是性。"她"做出诱惑性举动时，似乎并非针对任何人。"她"要使诱惑长久保持。"她"似乎掌握着诱惑之秘诀。鲍德里亚认为，"'小女子'作为一个理想型或性对象构成的讽刺性在于：在其封闭的完美状态下，'她'终结了性游戏，把性现实中的主人——男人指称为想象的主体。"这也许是"小女子"尚未得到开发的潜力，即"她"与完整二分的两性想象之间的对拓关系。

但这并非其实际用途。鲍德里亚指出："在广告里并非需要'她'来增加洗衣机的性元素（很荒唐），而是要赋予'对象物'以想象的顺从、从不畏首畏尾或听天由命等女性品质。""小女子"代表一个品牌或产品，甚至一种事业而"诱惑"。同时还有人被花钱请来配合"她"为香波或香槟制造一种诱惑的氛围。但"小女子"总透露出一种毋庸置疑的高贵。"她"就是一个美的化身,不过一半代表高价筑就的诱惑,一半代表浪漫的情爱。

情爱是毋庸置疑的终极意识形态。劳拉·吉普妮斯写道,"事实上大多数伟大的信仰都可能制造出其异端;每一种意识形态都有反对的思想;即使圣洁的母牛也难逃屠夫之手。唯有爱是例外。"上帝死后,取而代之的俄狄浦斯王式的父亲形象,包括"老大哥",也死了。在自我与自我的外相之间不再有第三方介入来代表象征性的秩序。只有浪漫之爱永生。流行歌曲唱不完的是对"你"的爱。流行歌曲里"你"就是"小女子","她"不会取代父亲或父亲替代者的形象,高高在上俯视着你。从多层意义上来看,"她"会站在你的"一侧",身处主体与客体之间,但不会高高在上。

该界面明显存在某种紧张关系。"小女子"必须同时既表现浪漫的爱情转向世俗与自涉,又要表现至美的状态。在家中共同使用同一种牙膏的形象与 PS 的美轮美奂的图像会在效果上相互抵消。《宇宙重建》也许会这样评述:"她"的爱和"她"的臀一样,只是一种抽象而已。爱和美都是提取物,经过加工后流传起来,但不是出于自身内在的需要。

"小女子"只是部分充当欲望的对象,作为商品的替代物。《宇宙重建》的观点是,"在景观世界里,'小女子'是一种主导的社会关系,是'欲望之欲望'的中心形式。"正如科耶夫对黑格尔的评述:我欲望之他者非物自身。吾欲之他者之欲也。用更通俗的语言来表达就是:我要你要我,我需要你需要我。"小女子"是一种表现着渴望被拥有的商品。或者说"她"可能对我们有欲望。产生欲念才是关键。"小女子"所表现出的普遍性或永久性的诱惑也许并不是具体地针对我们。"她"的存在就是要表明自己总在,只是价格不菲:"因为我值得拥有!"

顺便说一下,"欧莱雅"广告语的模糊性,从"因为我值得拥有!"到"你值得拥有!"再到"我们值得拥有!"也许是故意而为之,究竟谁值得拥有谁,模糊一点无妨。那么在这个生产、诱惑、消费的链条中,价值究竟是在哪个环节又是如何创造出来的呢?皮埃尔·克罗索斯基曾经提出过"活着的货币"概念。想象一下,如果一个经济系统中充当交换媒介的并非冷冰冰的钞票,而是温暖柔滑的情感之物该如何?

身体本身可能已经成为一种商品了,而且不同于它生产出的任何商品。比如商店的营业员或服务员,就在那里站着,干等着顾客。如果是高档的商店或酒吧,她一定要漂亮。她必须符合"模特"的要求。一句话,她就是"小女子"的化身。那么在消费者尚未进入商店购买服装或鸡尾酒之前,她是否已经成为商品了呢?这些身体——服务员和饮酒者一样——在制造一种感官经济或被感官经济制造着。在他们生活的世界里,欲望、情感、幻想都可以进行交换——只要不在退料单上。

克罗索斯基对"幻想"和"幻象"做过有趣的区分。幻想隐含于真实之中,它并非纯粹个人行为,而是会涉及其他人。但它是不可交换的。比如把超现实主义思想用作政治想象的原材料就是一种"幻想"。而"幻象"是可以交换的。它们就是超现实主义者的"天鹅绒金矿"的最终结局:商品化之欲望的原矿。

克罗索斯基所指的"幻象"并非由货币所代表的普通等价物,而是另外一类通货:具体等价物,往往由身体所代表,特别是与"小女子"如出一辙的身体。在克罗索斯基的经济,或许也在我们的经济中,"幻想"与"幻象"是可逆的,正如主体与客体,使用价值与交换价值一样。"幻象"也可以具有使用价值。在购买和使用一双鞋子的时候就是"小女子"在收取属于消费使用价值的情感费用。《宇宙重建》指出,"'小女子'的臀部代表了使用价值幻觉的最后堡垒。"

真正恒久不变的是欲望的撕扯,这个仅存的金本位。"小女子"则集中体现了感情金本位。"小女子"的大规模的工业式生产是过度发达国家为了防止发生情感贬值。不仅象征性的秩序在衰落,其替代物想象机器需要不停地使用润滑剂。"小女子"为已经被玷污的商品世界又挣回了一些失去的名声。和金子相似,"小女子"光彩夺目,因为珍稀和缺少实用价值。同样和金子相似的是人们对"她"的敬畏之心,因此产生了其资源开发产业。

个人的就是政治的:该口号就是说,女权运动寻求把政治图像延伸到家庭领域,引发更多的批判和行动。政治的就是个人的:"小女子"的反应方式就能说明问题。社会的、社团的或政治的想象世界都被压缩成个人的、家庭的领域。有趣的是,正是该家庭领域至少部分地实现了"女性主义"的设想。但它并非一种政治。这也并非卡斯托利亚迪斯所指的"想象的社会制度"的作用,而是一种欲望的模拟经济。小妹妹在看着你。或者说她在被你看着,或许她是在邀请你跟她一起崇拜某物,包包也好,手表也好。家庭成为人们构想自己生活的地平线。

如果要想象"过度发达国家"的政治,不妨以下面的"四大自由"为基础:(1) 免于信仰自由;(2) 免于言论自由;(3) 免于欲望自由;(4) 免于安全自由。其中第三条可能最令人费解。"欲望的解放"算不算20世纪最重要的主题之一呢?"免于信仰的自由"是否一定意味着"欲望的自由"呢?稍等,太快了吧!此处出现了漏洞。的确免于信仰的自由是现代性的重大成就之一。心理分析专家们所说的"象征性效率的终结"的确发生过。上帝的确死了,陪葬的还有"父亲的统治"。"过度发达国家"宗教的卷土重来不过是后卫的防守之举。城郊那些雨后春笋般冒出来的(免税的)"超级教堂"主要用作娱乐中心,包括一些其他功能。

上帝死而未僵。它像个活死人似的逃离了日常生活的中心,只能在城郊的夜色中出没。但世界的部分祛魅化并未带来理性启蒙以填补空缺,反而被"游戏空间"乘虚而入。在游戏空间里价值的含义成为衡量尺度。在游戏空间难以触及之处,一些新"界面"赶走了苍白的"父亲",取而代之占据了壮观的"奥林匹斯"神殿的前排位置。"小女子"是个最不起眼的竞争者。在圣经极少有关"她"的令人难忘的记载,但正是"她"现在几乎阻止了俄底修斯的返乡征程。

"小女子"已不再被称作"信仰的通货",而是"欲望的通货"。"她"主持着货币的交换,但不是为了物品,而是物品周围的阴影。"她"负责的不是物品本身,而是它们的光环。瓦尔特·本雅明关于对光环的召唤的评论涉及了其起源问题,但并未引起人们注意。艺术品的光环源自一系列的头衔来证明其真实性。在这类头衔缺失的情况下,"小女子"的出现起到了活的"通货"之功能,也可以制造出一种相似的光环。即便大批量生产的商品都可以被罩上此类光环。它可能就是一个原材料加工品,运输到中国的超级工厂,再由集装箱船载着漂洋过海,但只要有"小女子"在场就行。

"免于欲望的自由"未必要像塔利班一样禁止所有"小女人"的形象出现,或者干脆关闭"矢量"。也无需因为担心被指责为"小资产阶级"而拒绝一切时尚,只读"好书"。彻底放弃时尚仍难逃其游戏规则,文学早就离不开"小女子"了(读读《包法利夫人》)。问题的关键是找出本雅明所提出的"跨越时空的感知"的形式与内容的根源所在。

本雅明在矢量尚处在只有"机械的可再生性"时期就已经暗示,矢量可能促成感觉的扩展,而且沿着两轴展开。"矢量"越来越廉价,也不再紧紧依附于排他的仪式。复制品可以做到人手一份。与此同时,矢量变成了一个"跨视域"。至少在理论上,感知的范围可以得到极大的拓展。不同的尺度可以结合在一起。不同时间的系列可以组织整合,扩大或缩小我们对时间跨越时空的感知。简言之,"蒙太奇"技术可以极大拓展时间或空间、视角以及可能的感觉网络的维度。本雅明在互联网尚未诞生之前,就已经描绘了这些互联网所具有的潜力。

本雅明实际要表达的是,技术——经济基础的转变,感知生产方式的转变,终将改变感知自身。就原始的"技术马克思主义"的认识而言,它无疑是正确的。只不过他也很清楚,生产方式的转变是一个斗争的现场而并非仅仅一条传送带。统治阶级绝不会轻易同意感知工具的社会化,不经斗争地向民众力量妥协。尽管在感知的生产领域要维护私有财产关系需要统治阶级自身结构发生转变,其意识形态的上层建筑也必须进行调整更新。

所以,概而言之,不需要再登上神坛祭拜"父亲"了。也不再有"大独裁者"装腔作势地要取代"父亲"的位置。而"父亲"和"老大哥"的位置已经为"小女子"所占据。有趣的是,"她们"并非"父亲"的亲闺女。如果非要追溯"她们"的根源的话,就是"日常生活"(不时看到一些名模的家庭背景介绍,父母就是普通的中年人)。也许还有模特与其家人一起的图片,都是一些普通人。还有模特本人的工作照,乞灵于"小女子"。身姿、着装风格、灯光、布景等一切都即将发生改变。其他一些"家长"们都是幕后工作者,我们只能看到他们的作品。他们是:造型师、化妆师、摄影师、影像编辑等。"小女子"要收回原始价值,只是姗姗来迟了。随之而来的是一整套所有权、财产制度关系的建立,而在过度发达世界里这些都成为了过去。

所以在20世纪末欲望成为时代的重大主题,但结果只是产生一种新通货——生命货币。并不是说不能有各种欲望或需求。也并不是说"日常生活"没有充满性爱的欢愉、情感与亲密,诱惑或肤浅之举。只是要制造上述的一切易如反掌,不管以最蕴含或最风格化的形式,至少部分地远离商品化的欲望。

到了21世纪初期,许多"第二波"女权主义者开始本能地提防"'小女子'权力",显然是正确的选择。"小女子"代表着"政治的即个人的"口号。其实质上是关于欲望的自由,结果可能是作茧自缚,困于自己的选择。所谓的"充权"其实就是充信用卡。问题在于,说到回归身体的真实性——拒绝诱惑或者坚持差异性,却行不通。对身体或者身体的恰当体现或者对"女性写作"实践很难坚持反对态度,尤其是在它们都与"矢量"纠缠在一起之后。"第三自然界"接受了性别的罅隙,并在其领域内进行传播。原本性别的"对拓"关系变成了存在于工作或娱乐场所以及所有关系中"对拓性"。原来作为最小意义单位的"性别差异",在可计算价值的更严格的游戏没有把握的情况下,变成一种意义可能性的保障。

朱迪斯·巴特勒坚持认为身体与其应有的所指是不可能一致的,无疑是个进步。但这种对"性别的施为性"的开放态度,却没能说明身体与其主体脱离,以及它在可感知的世界内广泛分布的问题。从某种意义上说,"小女子"是从"性别差异性"中提取出来的,又被当做一种不同的差异性的符号:活的货币,不仅可以用于衡量物的价值,还可以用于评价市场机会。

因此那些"变装皇后"的界面是难以改变明显的性别自然属性的。"变装皇后"与性别本身无关。其实还是"小女子"的问题。"变装皇后"现象只说明不仅(技术上!)男性的身体,甚至无论何物都可以用于支持"女孩"特有的效用。"变装皇后"身上起作用的还是"小女子"效应。"她"将"活货币"的基因添加到一些装配或操作的符号或物品中。"小女子"可以是男性，可以是机器人，甚至是机器人的符号。"诗凡卡"的"女性机器人"万圣节着装版本的，所以（技术上！）一个女子也可以化妆成一个机器人，再冒称"小女子"。

但如果和家庭暴力、强奸、人工流产、同工同酬、工作场所或大街上的性骚扰等等诸多问题相比较，上述问题也就算不了什么了。只不过"小女子"属于某些特殊物品，这些物品可以阻止一种把它们视为风险的政治的存在。"小女子"作为欲望的"活货币"，也就封闭了想象一种贫穷或需求政治的存在空间。还不仅如此：如果"小女子"也消除了另外一种审美，或者说审美经济的可能性，包括诱惑的可能性结果会怎样呢？而诱惑的可能性实际上是以缺乏数字图像的来源和日常生活中"矢量"似乎具有无限的灵活性为基础的。

像"脸书"之类的"社交网络"网站，是个向过去被叫做"博客"者抽取租金的平台。租金包括两种形式。第一，广告收入。第二种形式却是一种信息租金。用户以信息作为租金交付网站，成为行业发展的重要燃料。2011年美国社交龙头网络平台"脸书"的概念价值已达数十亿美元（而当你读到本书文字时，你知道该值多少的）。

该网站的成功在一定程度上归因于其最主要的隐喻——"脸书"——的大学文化性质。尽管网站的所有者并不特别坚持其用户必须要用真实身份，但在某些实际运作上需要自我展示的。每个人的页面看起来都大同小异，而且大多数人都会展示自我的某个方面。"脸书"令"MySpace"（聚友）黯然失色，尤其是在中产阶级或渴望成为中产阶级的用户中间。"聚友"比较忠诚的用户主要是军事人员，年轻男女同性恋者和部分有色青年人（当然这只是美国的情况。其他国家有它们各自的龙头和次要社交网络）。

在美国还有一个有特点的网站占有社交网络的一席之地，那就是Tumblr（"汤博乐"）。"汤博乐"始建于2007年，其界面最大特点是特别便于发送短帖子，尤其是图片多的帖子。其总部在纽约，所有者似乎并不太在意用户身份问题，对一些被"脸书"视为淫秽的内容也不是特别在意。

"汤博乐"还有其他一些用途。其中之一是作为"矢量"它具有一些特性,可以创建一些匿名或假名的身份,分享或评论他们的欲望图像。自不必说,"小女子"的形象在这里是绝对热门。你可以看到大量剪切或粘贴与"她"相关的图像。和"她"并置的既有时装的,也有色情的图片,还有忏悔性质的或各种日常生活图片。有时候"她"与商品亲密接触,有时候也与商品保持一定的距离。

现在有了一个完整的"另类"(他者)经济,窃取与赠予,"小女子"参与其中。该经济永远不会把"她"赶走,但至少可能倾向于鼓励"她"加入"活死人"行列,或加入"幻影"队伍,行走在日常生活里,而不是对它发号施令。在那些伟大的唯物主义诗人之中,从卢克莱修到莱奥帕尔迪再到马克思,众神还在,不过只作壁上观。是他们成了我们的景观,而不是相反。

写于纽约州纽约市

18. 一派胡言

我是一名职工。每个工作日都去上班。有工资,大部分用来养家糊口,留一小部分用于娱乐自己,还有一点用来装大方,日子还说得过去。我的学生们还能过上这样的日子吗?我的孩子们呢?

克里斯托斯·奥尔克斯在长篇小说《死亡欧洲》中描写了一个客死他乡的流亡者故事。在他的墓碑上刻着的是:工人,父亲,丈夫。不过对我而言"丈夫"一词还是多了些家长制的味道。我可能选择工人,父亲,爱人。"爱人"对不同的人会有不同的含义:我的伴侣或我的孩子们。"爱人"还可能表达阶级之爱。阶级,也许是不同的阶级,用他们身体的某一部分工作着的人。用他们的双手、眼睛、后背或声音等等。

我为自己的工作自豪。当然有顺心或不顺心的日子。没人会真的贡献"110%"。如果你听见有人这么屁话,就知道他肯定不是工人。这是唐纳德·特朗普那些人的语言,那些不是整日挥霍遗产,因此自认为是天才的人。他们傲视群雄,而且总有办法让你感觉到。工人们也会为自己骄傲,不过是无言的。每天起床,上班,起床,还是上班。直到有一天再也起不了床。差不多就这些。

如果运气好的话,也许能找到一份不会要你命的工作,甚至找到你喜欢的工作。我算是运气好的,喜欢自己的工作。我喜欢教书,喜欢写作。工作稳定,还能做自己喜欢的事。但这不是我们这类人都能得到的。不过我并不想用"特权"这样"反动"语言来看这些。有个工作,得到保障,周末还能有一点结余。这算不上"特权"。这只是一种权利。

2011年九月17日,有一小群人,其中有一些"无政府主义者",来到华尔街上游行。他们先是跟警察玩了猫捉老鼠游戏,跑了几个街区之后,就在祖科蒂公园安营扎寨了。他们聚集在一个精彩的口号周围,"我们是99%。",口号的作者已无从考证。我们不过是占我们星球1%之中的99%,但也不要绕回"特权"的语言。口号要表达的恰在言外。它想说的是:我们却不是统治阶级。我们脆弱的团结是围绕在非我的轨迹上。

也许这只是澳洲的产物,或者一种行将灭绝的"对拓端"思维方式,取得一些成就也不值得沾沾自喜。你总有可能"栽跟头"的时候,所以不要太高调。回想一下,已故传奇人物史蒂夫·乔布斯先生,这位"苹果"前总裁,其实是个养子。关于他的故事总是从他的角度讲述的:作为一个被收养的孩子,他的成就多了不起啊。但没有一个人会想到他养父母的无私付出,慷慨善良。乔布斯的成功当然有很多原因,其中就包括"共产主义"。

我不是乔布斯。但就我个人而言也还算不错。生活中发生的许多事情都在告诫我人生不易。今天我能够正常行走,也多亏了一位今天已经颇有名气的外科医生。他通过反复尝试才治好了我的残疾的双脚。我7岁的时候就在医院的病床上躺了三个月。其实想一下,那位医生在为7岁的孩子做手术之前,许多人已经做出过不同的贡献。包括护士们,厨房师傅们,打扫病房为生的妇女等等。我哥哥姐姐还给我带来了许多书籍和玩具。

我想他们还担心我能否忍受医院里受约束的生活。但我可不是整夜哭着找妈妈的那种孩子。妈妈已经不在了。我从6岁的时候起,放学后常待在一个儿时玩伴的家里。我的家离玩伴的家并不太近,但家人每个下午放学后总把我送过去,等哥哥回来后再接我回家。总的来说,我的童年还算是幸福的。后来又发生了一件好事,因为有了人们称作"共产主义"的东西。因为人们会为其他人做事,形成了"社区"。他们的共同之处在于,真正关心孩子。

后来我长大了,移民到美国。在新国家找到了工作。恋爱、结婚、有了孩子。生活在继续。我努力工作。为了我能正常工作,那些穿着灰色工作服的人就要保障整个大楼的正常运转。办公桌旁的女职员们就要整日忙个不停内联外引。还有,纽约大都会运输署的雇员们还要保障纽约地铁的运行,把我运送到我的单位"新学院"。我工作单位周围的那些小餐馆也为我完成工作做着贡献。我们相互依存。即使我忘记带钱包,小餐馆也会为我提供服务,因为他们相信我下次一定会补上。

大家所需不尽相同。我们时代的一大挑战就是如何协商接受各种不同版本的优质生活方式。但我们时代的某些核心欲望惊人的相似。很多人向往我所描述的这种生活,至少在他们在开始独立生活的时候。需要爱与被爱。需要某种归属感。希望做有意义的工作。不希望其中的任何一项被剥夺了。

但它们可能被夺走。如果出了紧急医疗状况,我的这个家还能保住吗?比如我本人或配偶去世了?需要卖家里的房子吗?会不会债台高筑一辈子都还不上?如果丢了工作呢?想想可能就会让你夜不能寐。现实中真有千百万的美国人生活上朝不保夕,没有适当的医疗保险,常常债务缠身。

西奥多·阿多诺说得好:"最残酷需求下的怜悯:不应该再有人饿肚子。"孩子们忍饥受冻,冬天无人照顾,此事就发生在纽约。因此任何马甲们赞同社会秩序的言论都该遭到谴责。

我一直并未特别在意平等问题。我不想要扳倒谁。有些人,包括我认识的,只有一笔笔钱才能使他们觉得起劲,觉得有价值,这多少让人觉得有点可笑。我也见过我们同时代的一些人,所从事的工作足以令人崩溃,毫无前途可言,只是结果可能会赚一大笔钱。有的的确赚到了,有的一则无所获。即使赚到钱的也只能让人觉得可怜,因为他们不知道该如何用好这些钱。可以买豪宅。也可以迷恋上豪华游。还能买当代"艺术品"。当然也可捐资行善。有时候这些就是他们的全部生活和话题。我真不觉得他们有什么值的羡慕的。

不过我还接触过一些人,工作也很糟糕,几乎没有什么报酬。他们账单不断。不得不屏蔽一些电话。常常祈祷出现奇迹。钱对他们来说的确是个问题,但又不是他们欲望的对象。他们想解决钱的问题,但目的是为了做他们想做的事。比如艺术追求,交朋友,或教孩子们他们祖国的语言等等。这些都是挺艰苦的事情,但是他真感兴趣。

在"汤博乐"上有个叫作"我们是99%。"的"微博"。一些人会拿出家庭制作的符号,配有一些小故事。绝大多数故事都与欠债和工作有关。他们基本上都不关心其余的1%究竟拥有什么,也不太关心其他人的财;他们倒更关注别人有多么贫困。他们在乎会不会饿肚子。"汤博乐"基本上是匿名的,但人们更关心的不是欲望而是基本需求。

那些冠冕堂皇的承诺,什么"放宽管制","金融化",什么大家都会受益。根本不是。看起来让马甲们觉得不可思议的倒是怎么会有人竟相信这些承诺。承诺的目的不过是让大家感觉好过些。实际上"1%"总希望减轻自己的负担。他们口口声声说要敢于冒风险才有回报,其实他们自己根本不相信。冒风险的其实是"99%"。"1%"总希望如果他们赌输了有我们这些人承担。

在"占领华尔街"事件突然发生的时候,几乎没有人还能想到该把这1%的人称作统治阶级。他们也没有准备好该如何界定统治阶级的身份:一个"食利者阶级"。这并不重要。他们只是一个少数派,为一种分析语言所吸引,试图解释他们的境况。情感触发了大众的反抗,而图片和它们的故事又触发了情感。但"占领华尔街"运动还是表现出很敏锐的本能。它明确了自己试图解决的问题:就业与债务。而且当时就发现了他们问题的因缘:"1%"。

"食利者阶级"的思想可以追溯到大卫·李嘉图。琼·罗宾逊在其《资本的积累》一书中对该概念进行了深刻的分析。书虽然有些时日了,但其语言之精彩至今仍难出其右。"食利者阶级"拥有的财产可以满足很多人发明创造或进行建设的需要。李嘉图时代的初期"食利者阶级"拥有的财产形式是土地。如果说是土地扼住工业崛起的咽喉的话,今天则是资本本身。流入非生产性统治阶级腰包的剩余价值不再属于租金,而是利息。

我个人对"占领华尔街"运动的最低要求可能是:"让统治阶级回来进行统治!"尽管美国在其最快速增长和最具活力时期,即从19世纪"强盗式资本家"到20世纪福特生产模式的崛起时期,美国的阶级斗争也最为激烈,但该时期的大部分时间里美国是充满活力也特别着眼于未来。老的统治阶级的确在进行建设。

早期的铁路是建设在成千上万华工的白骨之上的。但毕竟建成了。"iPhone"还是一群中国工人生产的，依然很辛苦。但它们毕竟是造出来了，而且比我小时候老家生产的胶木电话机漂亮多了。铁路建设和科技产业当然也存在泡沫。但至少在它们的背后留下了大量技术劳动力，一定的基础设施和新技术，为更高生产率的就业做着准备。但2008年房产泡沫之后的情况如何呢？留下的不过是无人问津的郊区建筑，像一具具腐败的躯体。还有一大堆的债务，却由那些普通工薪阶层背负着，而"食利者"照食其利不误。这个"食利者阶级"比几乎干着杀人越货勾当的"强盗式资本家"更可憎。

之所以这个"食利者阶级"比"海盗式资本家"更可憎，是因为他们几乎什么建设都不做。他们对"生命政治"毫无兴趣。他们信奉的是"灭霸政治"。他们不会在乎老百姓的医食问题。他们唯一真正关心的就是榨取租金。他们才不管我们是否病了，有没有文化，有没有人抚养，能不能发挥才能。我们就是一群卖命的。我们就欠"1%"者们高额利息（贷款巨头们用的词），而且并不是因为他们真的做了有用或有贡献的投资。就欠他们的。未必。

这场斗争涉及三个方面。马克思主义者的观点很有道理。这是一场阶级斗争，而我们工人阶级在节节败退。随着20世纪70年代生产率的降低，劳资双方的斗争又激烈起来，但对工人阶级是徒劳的。由于工资与生产率的增幅不成比例，结果导致通货膨胀，因为企业必须转嫁其成本。结果打破该循环的主要不是生产效率方面的突破，而是工作向有更廉价劳动力储备的地方发生了转移，最具代表性的是中国。

问题是，欠发达国家的生产能力的提高与过度发达国家实际工资的下降并不相符。两者之间的差异只能靠债务进行弥补。今天在美国要达到"中产阶级"的生活水准，每个家庭则至少需要两名成员有正式工作，还不能发生诸如健康问题或其他家庭灾难性事件。

今天美国统治阶级构成中从事生产者越来越少，而拥有信息并依靠收取信息租金者的比例在增加。而后者具有生产性，比如他们至少会设计一些新产品，并开拓新市场。"苹果"与"谷歌"公司就属于此类，还有正面的审美经济。但还有些方面统治阶级除了收取租金外几乎不做任何实事。

"苹果"与"谷歌"公司的确雇佣了许多工程设计人员,甚至文化方面的专业设计人才,帮助它们生产出人们已经习惯日常使用的产品。但这些人才中也有不少人在为五角大楼研制无人飞机和大规模杀伤性武器。在当今经济紧缩常态化时期,国家全面减资的情况下,人才流向战争玩具的生产却被视为神圣不可触犯的话题。但在2011年10月8日,"占领华尔街"抗议者们迫使美国国家航空航天博物馆临时关闭,因为当天博物馆正举办一个"无人机"展。临时关闭博物馆算是明智之举,否则抗议者们可能举着"'无人机'在屠杀儿童"的标语冲进去。该事件说明,"占领"运动此时触及了不同统治阶级之间的交汇点。

过度发达国家中一支新兴起的统治阶级至少还设计和销售一些物品,但实际上并不真正生产它们。另一支倒是从事生产活动,不过制造的是杀人武器。还有一支完全靠货币本身来赚钱,这是个完善的矢量。它玩的是金融化游戏。金融化是各种社会规模的不断扩张之后呈现的形式,从无孔不入的商业信贷到全球性的金融交易基础设施等。那么这个统治阶级是否仍属于资本家阶级呢?也许我们该把它称作"矢量阶级"。它通过掌控的信息赖以运行的各种"矢量",包括信息,来赚取租金。

"占领华尔街"运动通过大量明晰而有力的图像和故事来反对"矢量阶级"中的一支,即金融矢量。我们可以借此为出发点,进一步思考美国以及其他国家其他统治力量的各个分支构成。但首先可能需要对马克思主义的阶级力量构成图式加以更新。现在的统治阶级已经不同于我们祖辈的统治阶级。以本人的老家为例,过去它是个钢城,这也意味着它靠近煤矿和繁忙的港口。现在煤矿还在,不过产煤是运往中国的。原先钢厂已经闲置起来。港口也到处是写字楼,主要是保险公司之类的企业在使用。也许我们无需彻底推翻祖辈时代的马克思主义的资本家阶级分析方法,而是加以扩展和完善,从而更好的理解当前过度发达国家所呈现的这种我们似曾相识的画卷的真面目。

大卫·格雷伯在其里程碑之作《债务:第一个五千年》中,提出了一个极有力的分析模式。他把债务,而不是工作当作分析的核心范畴。

作者在书中首先对亚当·斯密提出的"以货易货"的起源之迷思做了简单解析，然后通过翔实的人种志和历史资料分析，他提出了在货币使用之前借贷就已经出现了。大多数人在多数情况下能够仔细平衡债务与信贷的关系。但偶尔也会出现债务与信贷的失衡，雇农们成为彻底的债务人。他们因此齐来反抗，统治者不得不进行债务赦免。生活又回归与稳定统一状态。

"硬币"形式的货币起源于战争。战争中士兵是不会相信信贷约束的。他们需要比承诺更实在的东西。统治阶级通过士兵夺取领土，奴役其百姓。在臣民中间强制推行一种现金经济，让他们以硬币进行交税。由于不得已而为之的现金行为促使所有人不同程度的参与到现金经济活动之中。

格雷伯拥有扎实的人种学功底，因此完全理解所有社会构成都具有非常复杂的结构，而不会像经济学家或政治哲学家那样把社会构成进行简单的抽象化处理。尽管有漫画手法之嫌，这种复杂性至少包括三个组成部分：共产主义、交换、等级。债务在几个组成部分都有不同的作用形式。

"共产主义"不存在债务。慷慨施与的对象也不是慷慨施予者的"他者"。他们都是"我们"，既然我们共有，因此就不存在外在的债务或信贷问题。等级制度中存在不对称的债务关系。处于社会等级下层的通常会欠上层的一些实在债务。等级上层以象征性物品偿还对下层的债务。佃农所欠债务以硬币来衡量。劳尔·范内格姆指出，地主或主教们只欠整体的债，或者说他们只欠他们所守护的"秩序"的债。

"交换"不是在"我们"之中进行的，是"他者"在进行交换。交换主要通过两种方式进行，也因此制造两种"债务"形式。一种是定量的，因此能够清还。还有另一种债务，是通过赠予进行礼物交换产生的。它只有定性的形式。偿还这种"债务"需要一种艺术手法。你既不需要立即偿还这种债，也很难精确其数量。赠予作为债务形式的关键之处在于，你无法完全"清还"债务。不同赠与物之间总有一些不可比较之处。赠品也是历时性的人际沟通之手段。

格雷伯利用了一种相当丰富的传统，在该传统中，造币形式的货币被视为根本社会实践行为,而且哲学和宗教都在此基础上发展了各自理论实践体系。不论是在佛教寺院还是基督教教堂里,都有金银圣像。金银从流通领域退出被用于制造为人膜拜的神像,也转变了衡量债务的方式。我们的基础范畴中也有一系列的隐喻形式,都源自过去人们对货币功效的感叹。

20世纪70年代福特式生产模式开始衰落以来,是格雷伯叙述中的断裂带。之前的历史叙述基本上游移于作为铸造的货币与作为债务的货币形式之间,后者无需硬币,存在于具有更稳定关系的人群之间。流通硬币或以硬币偿还债务情况通常发生于需要硬币来支付军费,购买奴隶制造更多的硬币,进而发动更多战争的国家。换言之,像共产主义、交换、等级社会等情况更容易发生于更稳定的时期。

在此叙述中最关键的时期是尼克松政府使美国脱离金本位。尼克松此举的目的是要解决越战军费问题,同时安抚国内民众。但格雷伯并未过多解释此举的可行性。他着重于介绍早期信息记录与传递的技术,是如何被利用于支持各种债务关系的。随着格雷伯的叙述越来越接近当下,他也不再过多关注物质因素。格雷伯叙述中所缺失的正是笔者所称的"矢量"部分。在格雷伯的这部杰作中预言了信息记录与传递技术——矢量——将持续发展,甚至会出现突飞猛进。尼克松自有苦衷。但他始料未及的后果是信息传递与信息承载的物质性之间的分离。

格雷伯的著作延续了马克思主义的传统,以劳动为其核心。很显然,在"占领华尔街"运动的背后,"债务"的问题是另一个引起普遍关注的常项。但遗憾的是格雷伯在《债务:第一个五千年》中处理自己的观点与马克思主义观点之间的分界时过于谨慎。尤其是关于当下,在正文和注释中都未论及。也许这是格雷伯难以从根本上"占领"的两种观点之间一个空间。

笔者以为,要想真正理解"占领"运动,则需要比较研究三种不同视角。第三种视角可以帮助跨越其他两种视角之间的"对拓关系"。第一种视角是经典马克思主义的,以劳动为对象。第二种是"无政府主义"的,其原始目标是"债"。第三种则是由加尔·阿尔佩罗维茨提出的,关于知识经济的私有化的视角。

在《占领》杂志著文分析"我们是99％"口号时,"汤博乐"表明,"工作"和"债务"是人们个人生活记事中两个最经常涉及的话题,也最能反映他们是否属于"99％"。排在前十位的话题还有"大学"、"学生"和"学校"。有些问题真的在此提出来:首先,学生债务问题不仅只对年轻人,而是普遍性的重要问题。2008年的经济衰退导致许多人无力偿还学生贷款。而且这些人也没有其他借贷者所享受的保护性措施。今天试图通过获得教育而分享"知识经济"成果已经不再是可靠的途径。这就是知识经济私有化带来的"负面"效应。

第二,我们不仅要关注"汤博乐"关于"我们是99％"口号的内容,同时有必要重视其形式。"互联网"的意义是老生常谈了,它也不再属于"新媒体"了。但请别忘了,在稍早时期的社会运动中还没有"汤博乐"这种"微博"技术可用呢。如果说从尼克松时期"1％"的人开始利用"矢量"来为"矢量阶级"中的金融一支解除一切诸如"黄金储备"之类可触及的束缚,那么各种社会运动也在不断学习如何占领任何可占领的抽象的通讯工具。

马克思说,人民创造历史,但并非用他们自己选择的工具来创造。以此类推,人民创造意义,但并非用他们自己选择的媒体。"占领华尔街"运动"占领"的不仅是祖科蒂公园。它同时占领了一个抽象空间。借用昂利·列斐伏尔的话就是,它将斗争带出语言本身,进入一个更恰当的象征领域。或者可以借用"情境主义者"的表述,事件所引发的是一个"异轨"的绝佳事例。祖科蒂公园和抽象空间,既是纽约市实际存在的一个场所,也是全球景观中的一个象征性的抽象空间,却像属于我们所有人的共有财产一样被侵占着。这就是所谓"异轨"的实质:城市的实际空间以及文化空间一直是并且已经是公共物。

第三个与债务和工作相关的分析组成部分是围绕发明与通讯的工具产生的斗争,是围绕信息、知识、文化、科学的斗争,或者可称为"普遍思想"的斗争,只不过不是人们头脑中的"思想"而已。它是围绕把人类与机器智慧交集起来的各种关系形式的斗争。而且也不仅仅围绕这些工具的控制和所有权,尽管这一点非常重要。而是关系这些工具本身的设计问题,有时也可能是重新设计。人们会"黑"技术,但并非使用自己选择的工具。有时不得不东拼西凑。"占领""汤博乐"也许就是个很好的例子。

综上所述,结论是:统治阶级至少具有三个组成部分。一个是金融的,一个是军事的,还有一个是通过知识产权的形式从事物品消费经济控制活动的部分。"占领华尔街"运动指向统治阶级的一个方面——金融化和债务。谈到工作,就必然要涉及今天国家资源过于集中到"矢量阶级"中的军事一翼问题。而国家有权利投资到任何可以为其他创造就业的领域却变得不可思议了。

或许是因为无人机实在难以和救济饥民发生干系,对其实行补贴还勉强能接受。如果要指出来国家经常似乎很成功的利用公共预算来获取投资和创造就业机会,而这些原本可以由私营部门提供,但出于某种原因难以完成,这无异于对全部统治思想提出质疑。毕竟铁路系统和互联网系统当年就是这么建设起来的。尽管两者都有不少私营利益的卷入,但还是在公共投资和政府名义下进行的。

至于统治阶级中的第三部分,像"苹果"和"谷歌"这些最典型的新型投资、产品开发和就业的范例,我们很难对其完全坚持一种批判的视角。像"匿名者"之类的黑客网站通常会与各种大众运动结盟。即使仅有基本技术能力的普通百姓也会利用社交媒体环境,把它占领为进行抗议的平台。然而与此同时,我们"军事——娱乐"复合体中的娱乐翼却在迫使国会通过一些难以想象的最严厉的"知识产权"立法。即使貌似最"通情达理"的"矢量阶级"的一支也算不上我们的朋友。

"金融化"只是范围更广的"矢量化"的一部分,在"矢量化"过程中所有社会关系都被卷入三重罪恶之中。文化关系和公共关系为知识产权所取代。义务与赠予关系为消费者债务所取代。信任关系与社群关系为治安监控所取代。危险是三重的,而华尔街只是其中最引人注目的部分。

在马克思主义和"无政府主义"分析形式之后,笔者尝试提出第三种分析形式,由于尚未找到更恰当的名称,我将暂称作"后情境主义"分析。"情境国际主义"的理论和实践为马克思主义和"无政府主义"视角以不同的方式所吸收。德波的名作《景观社会》至少在某些部分可以作为"黑格尔——马克思主义"经典来读。格雷伯在在其文章中提到过，在美国的"无政府主义"环境中，情景主义文献异常丰富。但笔者以为还有其他解读该遗产的途径。

第一个相关的"情境主义"信条出自劳尔·范内格姆的论述："有的人谈论革命与阶级斗争竟然不明确置于日常生活环境，不理解那些关于爱的颠覆性，不理解拒绝各种限制时的积极性，他们无疑是落伍的。"因此"汤博乐"微博文章就有了意义，占领祖科蒂公园有了意义，那些慷慨相助占领活动成功的努力也有了意义。

"情境主义"的第二个信条出自魏延年："我们的思想其实存在于每个人的头脑中。"沉默与反抗无时不在，只缺少一个爆发的借口。总在反叛发生之后，人们才予以各种理论性阐释。理论所能起到的作用，不过是为运动提供一种叙述语言而已。简单地说，知识分子的角色，就是一个附属而已。"列宁主义"所幻想的知识分子"领导"运动，至多是重演的闹剧（更不应说'怀旧'了，如果不是对'老大哥'，就是对'可笑的山姆大叔'还有他们那些恶意的笑话）。

第三个信条理所当然是德波的："生活的全部就是巨大的景观累积的展示。"或者简单地说，我们生活在一个审美经济而并非政治经济体系之中。我们甚至要问政治究竟是否真的存在。或许它只是对各种表象进行景观组合而产生的特殊效果呢？毋庸讳言，剥削的确存在，压迫的确存在，本不该有的痛苦也的确存在。但这些也未必就能证明"政治"必然存在。政治存在的可能性还需要重新发现。这是德波的著名的文本中尚待发掘的话题。

第四个信条源自可能更不为人们所知的阿斯格·尤恩的著述。尤恩认为商品经济的悲剧在于"内容"与形式的隔离。的确，商品经济可以创造出根本不存在之"内容"。商品经济使"锡罐哲学"具体化了。所谓"锡罐哲学"，就是无数相同的锡罐都装上等量的无形之黏稠的物品，比如番茄酱。作为艺术家，一个新形式的创造者尤恩，觉得这是在降低价值。他试图继承伟大的浪漫主义者威廉·莫里斯的传统，努力恢复形式创造人类活动之中心地位。

简而言之,这意味着形式创造者与其内容创造者,即艺术家与工人之利益的联合。科学家、设计师、艺术家以及黑客,这些形式的创造者,作为一个阶级被人为地与工人阶级分离出来。尤恩的独特之处在于他从阶级的角度来理解这一点。也许在当今这个特别看重手工制作有机奶酪和其他各种雅皮士们钟爱的物件世界,尤恩的观点有点老套。试想一下:如果"ipad"也仅是一个汤罐而已会如何?如果我们现在与"矢量"之间的问题,根源恰是因为我们以为它不过是承载"内容"的一个形式装置而已?但装置已经不可能被任何人所"黑"和分享,不再是可改变结构的技术空间装置。

第五个信条源于"情境主义"实践:"工人委员会"这一条看起来也有点过时了。尽管我可以把自己当成一名工人,别人未必也如此。"祖科蒂"公园的"全体大会"实践形式复兴了"工人委员会"传统中的一些原则,又在实践中不断加入一些新的做法。在尚未被称作现在所用的"情境主义者"之前,它前身是"水平主义者"。这一点可能让那些只了解德波那些自我"炒作"的东西,而不真正了解"情境主义国际"或其他相关小组的人颇感意外。

最后,我们不妨转向"情境主义",看看它是如何解释法国的1968年五月运动失败的原因的。至少有两个特别显著的教训。其一是工人们无力言说自身的欲望。也许我们的思想别人也有,但他们缺乏语言或意象表达的能力。当时也许可以提出但无法决定一些可能性。其次,被占领的工厂之间或它们与学生运动之间都难以进行沟通。这种情况在"情境主义"所称的过度发达世界就不再是大问题了。也许一些技术或立法动议可能影响我们对"互联网"能力的期待,但在目前"矢量"是可以被占领的。

不仅是因为现在有了使"水平主义"生效的工具,而且是因为此劳动力亦非彼劳动力了。当今过度发达世界的许多工作,不仅要求符合形式,还要求创造形式。我们在工作中不得不"黑",否则就无法完成工作。我们可以不了解工厂式工作,也不懂如何收割,但我们知道如何把信息、人员和物品组织在一起,使之顺畅、高效地运转。

路人皆知。看看"占领华尔街"时打出的标语"他妈的一派胡言",

占领参与者的意图就再明确不过了。我们知道真相已大白于天下了。"马甲"们也无言以对了。"占领华尔街"运动没爆发之前已经涌动着被公开称作"新法西斯主义"的暗流。而且它只可能不断加强。

本雅明觉察到的法西斯主义中"政治审美化"进程在加速,甚至可能试图抹去政治印迹,将其隐匿于审美经济之中。期待更多对理性与科学的攻击。期待更多的人站出来要求某人受到惩罚,借此让所谓沉默的大多数感到些许自我满足。期待除统治阶级自身之外的任何人都使用更多关于精神"债务"和"牺牲"的伪宗教语言。期待产生更多的"治安""威胁"。期待一些占领者能成为警察,一些警察能变成占领者。这就是"新法西斯主义"所呈现的面目。

我为了完成本书的写作又来到了祖科蒂公园。此时已经是十一月。第一场雪来去匆匆。警察与占领者们还在玩着游戏。警方要拆除医疗处置帐篷,但还未拆除之前占领者又搭起了第二座。现在公园里到处是帐篷了。但反抗运动的前途依然难料,因为它仍处在事件的时空之内。也许在您读到拙作时,已经无人还记着这次事件了。但"浅俗理论"作为一种书写形式而存在的原因之一,就是衔接各种"彼之过去"与"此之当下"。因此它提醒我们,尽管"马甲"们坚持认为他们所创造的光明世界已经消除了阶级之间不可调和之分歧,但这只是痴人说梦而已。

置身于园内,与自发的大众一起,至少还有一些乐观的理由。或许,运气好的话,占领运动还能够继续占领更多象征性的空间——一方面通过占领具体空间,另一方面通过占领"矢量"——把过度发达世界审美经济的可能性范围向左偏移几个英寸。也许它能够引起人们重新关注现代性真正有过的有价值的目标:不断克服本不该遭受的痛苦。

即使它失败了,即使"新法西斯主义"再度嚣张,但在我身边最好的大学已经敞开了大门。该大学即使不是免费的,但也接受某种捐赠。占领运动不仅是关于"共产主义",也是关于交换的赠予经济的现实中的研讨班。人们每天在此购买各种物品,然后把它们转换成礼物赠予陌生人。每天大家同吃同住,一起打扫卫生,因此学会了如何团结在一起。人们每天都会抽出一些工作或者照顾家人的时间来到占领的场所。这一切和他们的"大会"一样有价值。

许多人在此会有存在危机感。在警察不来干预或者没有什么可购买的时候,他们倒觉得无所适从了。这正是占领空间所造成的奇怪的"心理地理"根源。占领的空间内设备简陋,但又特别引人注目。除金融、治安、商品等问题之外,还可能牵涉到其他社会关系。既然这一切如此难以量度,为什么还需要统治阶级呢。

          写于纽约祖科蒂公园

19. 结语与关键词

如果要以一句话来概括本书的思想,借用美国战略司令部罗伯特·科勒将军的话,就是"我们尚难以确定究竟发生了什么。"能确定已经发生的情况是,内华达克里奇空军基地的一些战斗机机舱设备遭到了计算机病毒感染,而该基地负责控制美国在世界各地的无人机。科勒将军说病毒的来源"无从查起",意思是说其目标未必针对空军基地。

一位国防部官员向媒体透露,病毒专门窃取用户的保密信息,"主要盗取那些参与赌博或玩'在线黑手党'之类游戏的用户名和密码。"虽然病毒有可能是机舱计算机的硬盘驱动在其他地方感染的,但也不能完全排除一种可能,就是负责控制武装无人机飞行的驾驶员用其地面"办公室"的计算机玩"在线黑手党"之类游戏引起的,类似情况并不罕见。

在这样一个事件同时集矢量的三重功能于一身:首先,矢量可以通过无人机实现远距离控制。其次,矢量空间可以被创造性的手段所占用,此处是通过计算机病毒。第三,矢量可以成为一些人玩"黑手党战争"之类游戏,用来消遣的游戏空间。

矢量三个主要方面同时现身,只是其出现形式尚不完美。无人机这种新的力量的象征,容易使人产生坏的联想,四处招摇自然难免风险。无人机的屠杀行径甚至使人对"黑手党"的"袭击"刮目相看。"黑手党战争"游戏制作粗糙,虽很成功,却为那些信奉游戏美学者所不齿。病毒则是平常的黑客工具,既没有独特之处,也不是要攻击特别有价值的目标,不过想窃取用户名和密码之类,试图建立"僵尸农场"服务站,发送垃圾邮件或其他一些无聊的信息。

但矢量的三个方面同时出现在一个事件里,还是颇令人玩味的。这也许暗示着一个新世界的状态。像其他新世界刚形成的时候一样,眼下的世界也令人困惑,难以准确描绘。它的轮廓和形式让人感到陌生。它某些方面迥异于我们熟悉的世界,而另一些方面和过去的世界惊人的相似。迥异之处也许隐匿于差异的阴影之中,而我们熟悉的部分倒令人觉得奇怪。事件恰好透露出两部分都出了问题。

应对眼下问题的一种方法是在语言上下功夫,在这个大大小小的全球性媒体事件频发的时刻,用新的手段创造出既令人熟悉又陌生的语言来描绘这个让人既熟悉又陌生的新世界的轮廓。下面作为本书的结束部分,把《跨越时空的感知》一书中创造的一些语言进行总结。威廉·布莱克在面对被他人的"制度"所奴役的困境时,选择创造属于自己"体系"。我也不赞成采纳这些现成的术语,更愿意选择创造一些新的术语来描述当下这个不期而至的新世界。

抽象物:可用于安置具体事物,并表现它们相互关系的平台。语言是一个抽象物,但因素是具体的。公路、铁路以及航线等基础设施可被视为抽象物,但车辆及其行走的道路则是具体的。"电报"是抽象物,互联网亦然。但抽象物并非概念或观念。它们是真实存在。它们甚至比具体物品更真实,因为具体物品需要依靠它们来体现其相互关系。

可寻址:确定一个场所、一件物品或一条信息的具体位置,从该位置可以可靠地接收或发送物品或信息。邮政系统的基础就是赋予物理空间可寻址性。全球定位系统亦然。电脑具有可寻址的记忆。各种信息尽管未必占据物理空间,但可以为电脑储存和提取。

审美经济:以唯物主义的方法分析感知力或分析力对跨越时空的感知状况。它通过同一镜头来观察理解经济和文化问题,也就是经济和文化关系所呈现出的物质形式及其被赋予的财产形式。

对拓性:一种既不属于此处,亦不属于彼处的体验。一个对拓端其实就是另一只脚。对拓性产生的前提是两极以及它们相互关联性的存在。对拓性反应两极之间摇摆不定,难以停泊的状态,并成为一种常态。澳大利亚和新西兰是英国的对拓端,英国属于"元极"。但对拓性可以发生于任何两点之间,甚至是运动中的点,只要有办法在它们中间确立某种关联。

手机空间:移动通讯技术的发展,使手机空间成为可寻址节点的抽象领域,包括物理空间和计算机空间两种形式。理论上讲,信息和命令可以通过任何可寻址的空间进行传递。手机空间比计算机网络空间更进了一步,因为其物理节点已经几乎与网络空间一样可以便捷的寻址了。只要手机网络服务正常运行,这些可寻址节点就可以自由的移动。而且具有信息发射功能的手机能够记录下被遥测得到的数据,因此大大增加了手机的主客体的状态和所在位置相关数据的使用价值,如移动游戏空间就综合利用了这些特性。

网络空间:网络空间是由互联网造就出的在物理空间和计算机记忆两方面均可寻址的抽象领域。理论上所有可寻址空间内数据和命令可顺利传送。

游戏客:一种"交互界面",他视自身与他者的关系为基于可测量的积分之上的竞争关系,认为自身与环境的关系是对其挑战关系,且成功或失败均可度量。

游戏空间:试图把世界改造成为其间任何一种关系,无一例外,都能以一种游戏形式产生一定价值的场所。在该世界里,只有各种游戏。游戏空间又分为商品空间、战略空间和其他此类游戏。玩这些游戏的场所似乎有扩展到整个人类星球的趋势。

小女子:一种特殊"交互界面",由此界面所观察到的世界表现为"美色"统治下的家庭生活领域。"小女子"是一种活着的货币,它进一步巩固了商品作为欲望之寄托的地位。

黑客:一种"交互界面",视自身与他人的关系为基础创造不可度量之价值的定性的竞争关系。"黑客"长于创造新事物,因此成为现代性的至关重要的界面。黑客的崛起于其新的用武之地,但其创造性受制于不断扩展的知识产权法。虽与计算机息息相关,但黑客可以生存于任何领域。

黑客阶级:阶级是由私有财产关系产生的,主要根据是否拥有私有财产来划分。随着私有财产形式演变为"知识产权",新的阶级关系随之产生,划分为"黑客阶级"和"矢量阶级"。

"虚评理论":当批评理论一旦失去其赖以生存的商品形式,不再承担对其批判之使命,就沦为了"虚评理论"。它不再集中于批判其言行是否一致的问题。

"交互界面":这是人类世界进入非人类世界的入口。它可以帮助人类理解非人类世界(因此使人类产生了对自身的体验)。交互界面能够使人类成为非人类世界的代理者,反之亦然。

浅俗理论:相对于"高雅理论",浅俗理论并不寻求学术领域内部定量性的承认,而是尝试在实践行为与交际方式之间创立新的关系。它也可能游走在学术、新闻、政治、美学、文学等领域,但并不受制于它们的条条框框,而是拥有自身的规则。

"军事——娱乐复合体":用于描述一种利用矢量来攫取资源并操控各种欲望的权力。它依赖矢量技术,通过对空间信息技术的管理,实现在时间与空间上的权力控制。

后殖民:一个空间的概念或转喻,提出了那些都市性强权与其边缘地区的关系问题。它起初用于谴责和试图扭转"都市极"的特权,后来含义拓展为普遍性的质疑"都市极"与边缘地区空间上的离散问题。

后现代:一个时间的概念或转喻。它提出了现代历史发展轨迹问题。它早期对现代持怀疑主义态度,但也开启了对现代发展轨迹和阶段划分问题重新思考之门。

过度发达世界:与"发达"和"欠发达"概念不同,在"过度发达世界"里(经济、社会)发展反而成为一种负担,所谓"发达国家"被当做一种标准。它也是一种阅读关于历史阶段划分叙述的后殖民主义批判的一个路径。它能够激发一种思考:西方是否错失了一个历史发展关口,因此失去了一种不同质的生活方式。

跨越时空的感知:远距离感知,比如通过望远镜、电报、电话、电视或其他各种远距离通讯手段感知信息。其关键特性是拉近距离,让远处之事物变得近在咫尺。它属于矢量阶级的一种财产,矢量具有使信息传递的速度超过人与物运动速度的特性,因此制造出一个"第三自然界"领域,并于此完成各种控制和命令,最终使该领域变成一个"博弈空间"。

第三自然界:人类为了得到满足生存基本需求之自由而进行的集体斗争,结果创造出"第二自然界",在此日常生活所需可以得到更好满足。但人类在创造第二自然界的过程中,也制造出更多新的生活基本需求。"第三自然界"是人们为了克服"第二自然界"的缺陷,试图将"第二自然界"纳入媒体和通讯层面控制,而不再仅囿于建筑形式层面。

全方位监狱:如果说"圆形监狱"概念意在制造出所有主体都被一种核心权威或"老大哥"监视着的感觉,那么"全方位监狱"则完成了跨越空间的监视功能。它还传递一种感觉,即来自不同视角的观察结果尽管具有异质性,可以被重新组合。

矢量:矢量的定义之一是指具固定长度但无固定方位的线段。借用此意,矢量可以被看成一种关系所能呈现的任何物质形式,它具有某些可以界定的性质,但没有具体方位。比如道路和电报线路无论其所在位置如何,都具有某些特性。电报线路只能传送信息,而道路上行驶的车辆可以运送人、运输商品、武器或运带信息等。矢量不会对其所传送信息的特性或含义进行区别对待。

矢量阶级:一个通过知识产权获取权力,并控制信息矢量的阶级。它可以被视为统治阶级的一支,也可以被看作一个全新的统治阶级,尽管后者可能有不同意见。矢量阶级又分为两个派系,一支通过矢量控制商品的运动,另一支则通过矢量控制资源的运动。简言之,两个派系都利用"第三自然界",分别通过商品空间和战略空间内的博弈行为来控制"第二自然界"和大自然。

武化产业:由于文化产业大规模生产文化商品,所以文化本身都被打上了商品形式的烙印。但文化产业至少还在动心思制作可消费的商品。而武化产业退出文化产品的生产,转而控制矢量的分配,并从中攫取租金。武化产业的崛起,在一定程度上是因为其认可文化通过数字技术被分享,因此实现部分再社会化。但其崛起也是对文化领域一次新的打击。

异类全球媒体事件：指那些发生在某特定地点的有意义的事件，但由于矢量的介入而与"世界紧密联系起来"。事件的全球性并非指它被普遍关注，而更主要是指其"召唤"起了一个"世界"。事件之所以"奇异"，源于其发生地点和方式的新奇之处。

Telesthesia : Communication, Culture and Class (1st Edition) by Mckenzie Wark

Copyright © 2012 by Mckenzie Wark

Simplified Chinese translation copyright © 2015
by Jiangsu Phoenix Education Publishing Ltd.

Published by arrangement with Polity Press Ltd., Cambridge.

ALL RIGHTS RESERVED.

书　　名	跨越时空的感知：交流，文化与阶级
原　　著	麦肯齐·沃克
译　　著	胡昌宇
责任编辑	赵　明
出版发行	凤凰出版传媒股份有限公司
	江苏凤凰教育出版社（南京市湖南路1号A楼　邮编210009）
苏教网址	http://www.1088.com.cn
照　　排	南京凯建图文制作有限公司
印　　刷	镇江中山印务有限公司（电话0511—86917816　86917818）
厂　　址	丹阳市朝阳路1—3号
开　　本	787毫米×1092毫米　1/16
印　　张	12.75
版　　次	2015年12月第1版　2015年12月第1次印刷
书　　号	ISBN 978-7-5499-5572-5
定　　价	24.00元
网店地址	http://jsfhjycbs.tmall.com
新浪微博	http://e.weibo.com/jsfhjy
盗版举报	025-83658579

苏教版图书若有印装错误可向承印厂调换
提供盗版线索者给予重奖